U0150593

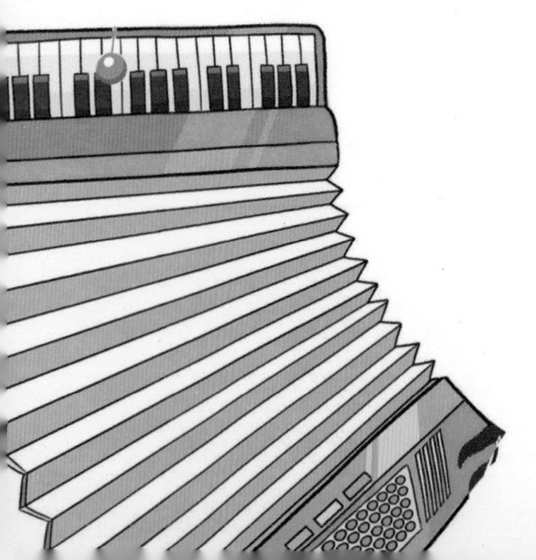

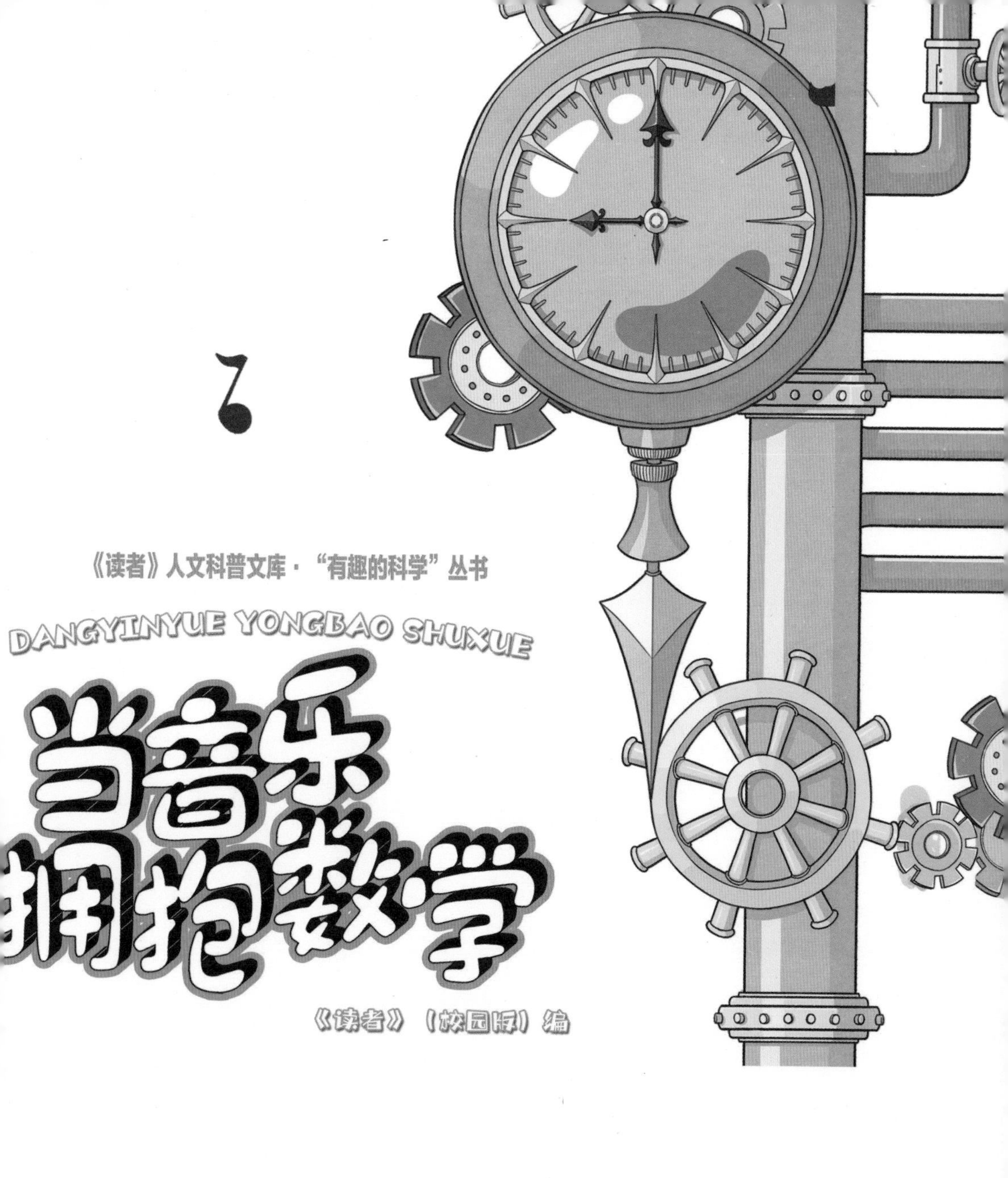

《读者》人文科普文库·“有趣的科学”丛书

DANGYINYUE YONGBAO SHUXUE

当音乐拥抱数学

《读者》（校园版）编

甘肃科学技术出版社

图书在版编目（CIP）数据

当音乐拥抱数学 /《读者》（校园版）编 . -- 兰州：甘肃科学技术出版社，2020. 12

ISBN 978-7-5424-2558-4

Ⅰ. ①当… Ⅱ. ①读… Ⅲ. ①数学—普及读物②音乐—普及读物 Ⅳ. ① 01-49 ② J6-49

中国版本图书馆 CIP 数据核字(2020)第 221764 号

当音乐拥抱数学

《读者》（校园版） 编

出版人 刘永升
总策划 马永强 富康年
项目统筹 李树军 宁 恢
项目策划 赵 鹏 潘 萍 宋学娟 陈天竺
项目执行 韩 波 温 彬 周广挥 马婧怡

项目团队 星图说
责任编辑 何晓东
封面设计 陈妮娜
封面绘画 蓝灯动漫

出 版 甘肃科学技术出版社
社 址 兰州市读者大道 568 号 730030
网 址 www.gskejipress.com
电 话 0931-8125103（编辑部） 0931-8773237（发行部）
京东官方旗舰店 https://mall.jd.com/index-655807.html

发 行 甘肃科学技术出版社 印 刷 唐山楠萍印务有限公司
开 本 787 毫米 ×1092 毫米 1/16 印 张 13 插 页 2 字 数 170 千
版 次 2021 年 1 月第 1 版
印 次 2021 年 1 月第 1 次印刷
印 数 1~10 000 册
书 号 ISBN 978-7-5424-2558-4 定 价：48.00 元

前言

面对充斥于信息宇宙中那些浩如烟海的繁杂资料，对于孜孜不倦地为孩子们提供优秀文化产品的我们来说，将如何选取最有效的读物给孩子们呢？

我们想到，给孩子的读物，务必优中选优、精而又精，但破解这一难题的第一要素，其实是怎么能让孩子们有兴趣去读书，我们准备拿什么给孩子们读——即“读什么”。下一步需要考虑的方为“怎么读”的问题。

很多时候，我们都在讲，读书能让读者树立正确的科学观，增强创新能力，激发读者关注人类社会发展的重大问题，培养创新思维，学会站在巨人的肩膀上做巨人，产生钻研科学的浓厚兴趣。

既然科学技术是推动人类进步的第一生产力，那么，对于千千万万的孩子来说，正在处于中小学这个阶段，他们的好奇心、想象力和观察力一定是最活跃、最积极也最容易产生巨大效果的。

著名科学家爱因斯坦曾说：“想象力比知识本身更加重要。”这句话一针见血地指出教育的要义之一其实就是培养孩子的想象力。

于是，我们想到了编选一套“给孩子的”科普作品。我们与读者杂志社旗下《读者》（校园版）精诚合作，从近几年编辑出版的杂志中精心遴选，将最有价值、最有趣和最能代表当下科技发展及研究、开发创造趋势的科普类文章重新汇编结集——是为“《读者》人文科普文库·有趣的科学丛书”。

这套丛书涉及题材广泛，文章轻松耐读，有些选自科学史中的轶事，读来令人开阔视野；有些以一些智慧小故事作为例子来类比揭示深刻的道理，读来深入浅出；有些则是开宗明义，直接向读者普及当前科技发展中的热点，读来对原本知之皮毛的事物更觉形象明晰。总之，这是一套小百科全书式的科普读物，充分展示了科普的力量就在于，用相对浅显易懂的表达，揭示核心概念，展现精华思想，例示各类应用，达到寓教于“轻车上阵”的特殊作用，使翻开这套书的孩子不必感觉枯燥乏味，最终达到“润物无声”般的知识传承。

英国哲学家弗朗西斯·培根在《论美德》这篇文章中讲：“美德就如同华贵的宝石，在朴素的衬托下最显华丽。”我们编选这套丛书的初衷，即是想做到将平日里常常给人一种深奥和复杂感觉的“科学”，还原它最简单而直接的本质。如此，我们的这套“给孩子的”科普作品，就一定会是家长、老师和学校第一时间愿意推荐给孩子的“必读科普读物”了。

伟大的科学家和发明家富兰克林曾以下面这句话自勉并勉励他人：“我们在享受着他人的发明给我们带来的巨大益处，我们也必须乐于用自己的发明去为他人服务。”

作为出版者，我们乐于奉献给大家最好的精神文化产品，当然，作品推出后也热忱欢迎各界读者，特别是广大青少年朋友的批评指正，以期使这套丛书杜绝谬误，不断推陈出新，给予编者和读者更大、更多的收获。

丛书编委会

2020年12月

目 录

我们为何爱看恐怖片

杜　仲

江苏省南通市第三中学的有同学在网上询问：“为什么恐怖片那么吓人，我们还是很爱看呢？”从这篇文章中，你也许能找到答案。

恐惧感的由来

我们知道，人类的祖先曾经长期生活在一个虎狼环伺的危险环境中。大约在250万年前，也就是我们的远古祖先——南方古猿的活跃时期，东非大草原上生活着18种以上的大型肉食动物，其中包括现已灭绝的剑齿虎和巨鬣。毫无疑问，我们的祖先曾被载入过这些猛兽的食谱，这有化石为证。1970年，在南非一处洞穴中挖掘出一具350万年前的南方古猿儿童头骨化石。头骨上留有两圈豹的牙印。在其他挖掘出的人类骨头化石中，也经常发现上面有被其他动物像狮子、鬣狗、鳄鱼甚至鹰咬出或抓出的印痕。

在漫长的进化过程中，对这些骇人动物的恐惧在人类的生理和心理上打下了深深的烙印。进化赋予我们一套非常灵敏的"预警系统"，以对付曾威胁过我们祖先的那些致命动物——蛇、蜘蛛，尤其是大型的猛兽。这套系统一旦触发，就会立即启动一系列的生理和情绪反应，为我们的身体是逃跑还是战斗做好准备。瞳孔放大，心跳加速，血液涌向肌肉，血糖升高，免疫和消化等非紧急功能暂时关闭。我们赋予这些应激反应一个总的名称——恐惧。

这套"预警系统"非常敏锐，几乎一触即发，因为高估危险的代价远低于对危险估计不足所付出的代价。试想一下，你若把草丛中的一块石头认作了虎，顶多是受一场虚惊；你要是把一只虎当成了石头，很可能就会要了你的命。所以，哪怕极其微小的一点暗示，只要感觉像是一个威胁，人们也会做出激烈的反应，生活在大城市里的居民也不例外。譬如，突然间看到草丛中的一根橡胶软管，浴室里的一只蜈蚣，或是在黑暗中听到草叶的"沙沙"声，我们立刻就警觉起来，胆小者甚至开始头皮发麻。

除了现实生活中的猛兽和毒虫，人类的想象力还为我们臆造出了僵尸、鬼怪和其他超自然的存在。它们在我们身上唤起的生理和情绪反应，跟遇到猛兽袭击的效果是一样的，即恐惧感。我们会认为，它们像猛兽一样在黑暗中对我们虎视眈眈，伺机夺走我们的性命，在它们面前我们是软弱无力的。

过去的两种解释

但是，既然恐惧对于每个人都是一种不愉快的经历，为何这么多人还要去看恐怖片，把感受恐惧当消遣呢？

历史上，人们基于弗洛伊德的精神分析学说，曾为此提供过一种解释，说看恐怖片可以满足人们潜意识中的欲望。举一个例子：生活中一个胆小如鼠的人，潜意识里可能渴望自己强大起来。所以，他在欣赏恐怖片时，就会不自觉地把自己想象成影片中那个所向无敌的角色，通过这种方法来满足自己潜意识里的欲望。

这个说法听起来有一定的道理，但鉴于弗洛伊德的很多观点都被现代神经生物学家斥为“胡说”，所以它正确与否，我们不得而知。

20 世纪 80 年代，有人提出过另一种解释，说在黑暗中看恐怖片为恋爱中的少男少女提供了一个拉近彼此距离的机会。比如说，在恐怖镜头出现时，许多女生说不定会顺势倒进男生怀里；而男生可以以自己面对恐怖场景时镇定自若的神情博得女生的好感。这话听起来虽然有道理，但似乎还是没有彻底解释清楚恐怖片的魅力所在。

恐惧，并快乐着

一个更合理的解释来自一名叫 SM 的女性。因大脑中掌管恐惧感产生的脑区受到损伤，SM 以不懂何谓恐惧而出名。数年前，研究人员给她看了一系列恐怖镜头的剪辑，她非但没有表现出半点恐惧，反而感到很兴奋，很有趣。

这说明，在观看恐怖片时，我们受到的并非只有惊吓，在恐惧的背后，还潜藏着一种给人带来愉悦感的奖励机制。SM 的大脑中掌管恐惧感产生的脑区虽然受到了损伤，感觉不到恐惧，但负责奖励的脑区并没有受损，所以她在看恐怖镜头时，只感到纯粹的愉悦。

从生理学上看，“恐惧伴随着某种不易觉察的愉悦”的说法也是站得住脚的。我们知道，恐惧可以让人远离危险的敌害。换句话说，恐惧给人带来安全。这对生存是有利的。而对于任何有利于生存的事情，我们的大脑都会制造“快乐”作为奖励：大脑中确实有一个负责奖励的中枢，一旦我们做了对的事情，它就释放多巴胺等物质，让我们身心感到愉悦，鼓励我们日后遇到类似局面也采取同样的对策。

当然，这种奖励机制也是长期进化来的。在奖励机制的作用下，伴有快感的人，更容易幸存下来，更容易把他们的基因遗传下去。结果，人类整体上就进化出了“恐惧，并快乐着”的本能。

这种快乐由于是跟恐惧搅在一起，一般是不易被觉察的。不过我们每个人都有过此类体验，譬如，当我们遭遇一场意外，被吓得半死之后，倘若转危为安，心情就会特别舒畅——很多时候，快乐的程度几乎跟恐惧的程度成正比。只是在这种情况下，人的理智会阻止他把这种“心情舒畅”理解为“快乐”，尽管两者本质上是一回事。

另外，在观看恐怖片时，我们能清楚地意识到自己处在一个安全的环境中，所以就更乐意去体验对我们不构成实质性威胁的恐惧刺激了。这种刺激甚至还有积极的意义：在我们体验了自己制造出的恐惧之后，倘若在现实中遇到类似事情，就能更好地应对。

·摘自《读者》（校园版）2015 年第 3 期·

你可知道，地球上的物种有多丰富

【美】爱德华·威尔逊

一直以来，如何弄清地球上的生物种类总量和它们的全部特性，是现代生物学面临的一大难题。早在250年前，瑞典博物学家卡尔·林奈就将“双名法”（依照对生物种类的命名规则给生物命名的形式，每个物种的名字由两部分构成：属名和种加词）引入生物学，并且确立了鉴定所有生物物种的宏伟目标。

但实际上，直到两个多世纪后的今天，我们依然只能弄清庞大生物体系中极少的一部分。迄今为止，人类所发现的生物物种数量约为190万种，而据估计，所有已知和未知的生物加在一起，其真实的物种数量至少是目前人类所知数量的4倍，甚至更多。

以真菌为例，目前已知的数量约为10万种，但据科学家估计，目前自然界中存在的真菌总数至少为150万种。目前已被记录过的线虫为2.5万种，而自然界中真实存在的线虫种类估计约有50万种。昆虫是地球上种类最多的物种，目前已发现的种类约为100万种，但自然界中真实存在的昆虫种类估计至少有400万种。

蚂蚁的存在就是一个非常具有启示意义的例子，这种高度社会化的小虫子几乎占据了昆虫总数的1/3，而相较于其他昆虫，科学家对蚂蚁的研究可以算是非常透彻了，目前总共发现了大约1.2万种蚂蚁，但可以肯定的是，自然界中真实存在的蚂蚁种类，要比这个数字高出两三倍。在过去一次针对美洲大陆大头蚁的研究中，科学家一共发现了624种大头蚁，其中344种为新种类，而随着研究范围的扩大，我们有理由相信，还有更多的大头蚁新种类将会不断被发现。这也从侧面说明了：记录生物多样性的具体数量，任重而道远。

随着生物分类学家不断深入微小无脊椎动物、原生动物和真菌的世界，我们相信，人类发现的生物种类的数量将会快速增长，因为一些未知的物种可能由于地理分布上存在季节性和限制性的特点，过去一直未曾被人类发现。

此外，我们还找到一些隐藏得很深的新物种，它们形成了一个遗传分化的群体，结构特征非常相近，以至于生物分类学家用传统分类方法根本无法对它们进行归类，只有通过对它们的DNA进行检测，才能进行分类。在这些分类范畴内，科学家还找到很多新种类的蚂蚁，它们或生活在悬崖峭壁的缝隙中，或生活在土壤深层，或极其罕见的以群居寄生虫的方式，生活在其他物种的巢穴中……

一些体型较大的生物，尤其是哺乳类、鸟类和开花植物，全部种类貌似都被人类发现了，但我们不要被这种假象所误导。自林奈引入“双名法”之后，关于较大生物的研究一直是科学家和业余爱好者的关注焦点，相反，他们对那些种类庞杂的较小生物体却缺乏应有的关注度，对其研究的深度和广度还远远不够。

对细菌和古生菌的分类研究，也面临着相同的窘境。迄今为止，人类已知的细菌种类约有 1 万种，但在生活中，我们在 1 克富营养的土壤中就能得到 5000 种细菌，其中大部分都是科学界完全不知道的，而 1 吨土壤中的细菌种类可达上百万种。据科学家对海洋生物做的普查报告预计，微生物占据了海洋生物总量的 90%，其中仅细菌就达到了 2000 万种，如果我们再将病毒也列入统计范畴，那么整个地球上的生物种类总量将呈指数级增长。

或许有人会问，你说的这些都很有道理，可是有什么意义呢？

很显然，深入了解地球上的生物多样性的目的，绝不只是统计数量增加那样简单，科学的真正目标与林奈最初所提出的目标完全一致，它们都是为了寻找并统计地球上的所有生物种类，从而带来完整的知识体系。这种知识的价值是巨大且无可争议的，就像人类全面认识构成人体的每个器官、组织、微小细胞对于我们的重要性一样，只有完整地了解地球上的生物多样性，我们才能利用我们所掌握的知识，让它变成一座能为人类贡献新型药物和独特生理过程的宝藏，并通过它来改善环境，加快生物技术进步……

更为重要的是，了解生物的生存环境，有助于帮助我们挽救目前人类生存的实体环境，因为维系前者是保护后者的根本所在，如果我们只是保留了实体环境，而不注重前者，那么最终二者都将被破坏。

·摘自《读者》（校园版）2015 年第 9 期·

一张地图刷新“世界观”

王　璞

“美国在中国的什么方向？东边？”

“错！是北边。”

“中国和美国之间隔着哪个大洋？太平洋？”

“错！是北冰洋。”

这是中科院测量与地球物理研究所研究员郝晓光给出的新答案，而且这个答案被有关部门认可了。

这两个长久以来存在于中国人印象中的常识误区，在很大程度上与国内长期使用的地图有关。国内发布的世界地图都是横版的，这样看起来，从中国飞往美国确实需要跨越太平洋。因此，一些参与军工科研的专家也有这样的误解。

事实上,《竖版世界地图》在设计完成的十几年里已经被广泛使用,但直到2014年才正式出版。

其实《竖版世界地图》在公开发行之前，已经在多个单位作为科研内部用图使用了。中国开发北斗卫星系统时，因为采用了这份地图，才避免了可能存在的失误：一旦有来自美国方向的导弹来袭，挂在太平洋上空的卫星肯定要比挂在北极附近的卫星更晚看到它。

2006年10月，在一次测绘行业的学术年会现场，一位专家正在台上介绍北斗卫星系统的布局方案。北斗卫星系统是中国开发的类似于GPS的全球定位系统，有着十分重要的军事意义。

当时这位专家说:"由于考虑到卫星发射和运行成本问题，'北斗二号'将优先选择覆盖'中国及周边地区'，太平洋被重点考虑，卫星覆盖范围也将越过中国国界向东延伸达5000千米,因为这关系到'中美军事较量'。而向北只覆盖到中国版图的最北端。"

郝晓光当时就急了，也顾不上专家的面子，站起来就予以反驳："方案严重忽略了北冰洋的重要性,美国在中国的北边,而不是在东边。"顿时，全场鸦雀无声。

郝晓光的建议是，北斗系统应该向北覆盖面积更大的信号，而不是将更多的卫星"挂"在太平洋上空。在传统的横版地图上，由于北半球被拉成一条长长的细线，北极地区被切断，那条最短的线无法在地图上呈现。

与横版地图以经线切割地球的方式不同，郝晓光编制的《北半球版世界地图》以北纬15°为界线，投影到平面上的北冰洋被完整保留。从地图上看，原本是世界边缘的北冰洋，成为被欧洲、美洲国家包围的"地中海"。

国家海洋局基地考察办公室将《竖版世界地图》作为内部用图。2006年,《竖版世界地图》还被国防科工委采用。

由于全世界2/3的陆地和4/5的国家都位于北半球，这张地图特别适合展现国际航线。

2014年3月24日,《中国海洋报》在展现马航失联客机搜索航线示意图时，就使用了郝晓光绘制的《竖版中国地图》。

另一个例子是，国航开通北京直飞纽约的北极航线时，因为途经北冰洋的航线在传统的世界地图上无法正确画出，而在郝晓光的世界地图上则可以直观地用直线标出，所以，有关部门也采用了郝晓光的地图。据测算，上述航班经太平洋的航线是1.9万千米，而经北冰洋的航线是1.1万千米。航程相差8000千米。

近年来，各国争夺北极的动作越来越大。除了具有重要的军事意义，北极还拥有全世界30%的天然气、19%的石油和9%的优质煤。而且北极航道的开发，将带动许多国际航线的变化。

事实上，2013年，中国被批准为北极理事会正式观察员国，这代表着中国在北极的存在感也确实越来越强。

· 摘自《读者》(校园版)2015年第11期 ·

当音乐拥抱数学

王江山

“do，re，mi……”随着这几个简单的音阶，我们开始了人生的第一堂音乐课，数字简谱以 1、2、3、4、5、6、7 代表音阶中的 7 个基本音阶，读音为 do、re、mi、fa、sol、la、si，休止以 0 表示。提到数学与音乐的关系，我们所能想到的第一个有关音乐与数学的结合，也许就是这 7 个基本音阶了。但你可曾想过，这些音阶是按照什么规律排列的呢？

让我们回到 2500 多年前，追随大名鼎鼎的古希腊数学家毕达哥拉斯的脚步，看看他是怎么解答的吧！

据说，毕达哥拉斯曾在散步时路过一家铁匠铺，铁匠铺里传出的叮叮当当的敲击声吸引了他的注意，他走进去，发现这些美妙的声音原来是源于铁锤和铁砧的大小不一，故而发出的声音也有所不同，这激发了他的思考。那么，这些与音乐的和谐有什么关系呢？

众所周知，毕达哥拉斯开创了自己的数学学派，该学派信奉数是万物的起源，因此，宇宙和谐的基础应当是完美的数的比例，而音乐之所以给人以美的感受，很大程度上是因为它有着一种和谐。在这种意识的启发下，毕达哥拉斯用不同的乐器做了许多实验，进而发现声音与发声体的体积有着一定的比例关系。然后，他又在琴弦上做了实验，发现只要按比例划分一根振动着的弦，就可以产生悦耳的音乐，而它们彼此间是存在着比例关系的。

那么，这个比例是什么呢？能不能通过数学方法计算出来？毕达哥拉斯又进一步进行了实验。经过多次实验和推算，毕达哥拉斯发现，当弦长比分别为 2∶1、3∶2 和 4∶3 时，发出的音律最为和谐。这就是我们后来所使用的“五度相生律”。

· 摘自《读者》（校园版）2016 年第 12 期 ·

古代谍战“四大发明”

倪方六

中国古代除了有“四大发明”，其他领域的发明也成绩斐然，比如间谍工具。

西方学者认为,“间谍鼻祖”是公元前10世纪的菲利斯女士。事实上，中国在公元前16世纪的夏朝末年就出现了间谍，他的名字叫伊尹。

间谍出现得这么早，搜集情报的间谍工具和方法自然不会落后，其中有4种为国际情报界人士所瞩目，可谓间谍史上的“四大发明”。

最原始的窃听器：听瓮

窃听是间谍搜集情报时所使用的最古老的手段，也是现代间谍的必修课。中国人发明了人类最早的“窃听器”——听瓮。

听瓮的发明距今约有2500年,《墨子·备穴》对听瓮的制造和使用方法有详细说明。它是一种口小腹大的罐子。将听瓮埋在地下，在瓮口蒙上一层薄薄的皮革，侦察时，侧耳伏在上面，听周边的动静。如果有需要，可直接让专业情报人员坐于瓮中，听辨声响，这叫“罂听”。

在唐代出现了葫芦形状的枕头窃听器，休息时将其枕在头下，外面一有动静便能察觉。在宋代还出现了多功能窃听器——矢服。矢服是盛装箭（矢）的器具，用牛皮制作而成。将矢服掏空，吹足气，夜里枕在头下，几里以外的人马声都能监听到。

听瓮在后来得到不断改进，是现代窃听器出现前最有效的窃听工具。

最难破解的密码：反切码

阴符可算是最早的军事密码。使用时双方各执一半，以验真假。阴符依长短不同，代表相应的情报。由于上面没有文字，即便被敌人缴获，敌人也无法破译它。

与阴符配合使用的还有阴书，就是将一份完整的情报写在3处，分别送出。在此基础上，古人又发明了代号、暗号、字验等间谍手段。

其中的字验已与现代密码的设计原理十分接近，不同的是，它以汉字代替阿拉伯数字。据《武经总要·前集》记载，宋朝时，官方将常用的40个军事短语分别用40个汉字来代替，然后编出一首40个字的诗作为“密码本”。

到了16世纪中叶，中国出现了真正的密码——反切码。其原理与现代密码的设计原理完全一样，但比现代密码更难破译，它使用汉字的反切注音法进行编码，发明人是著名的抗倭将领戚继光。

戚继光专门编了两首“诗歌”:“柳边求气低，波他曾日时。莺蒙语出喜，打掌与君知。”“春花香，秋山开，嘉宾欢歌须金杯，孤灯光辉烧银缸。之东郊，过西桥，鸡声催初天，奇梅歪遮沟。”

前一首诗歌的前15个字作为声母，依次编号为1~15；后一首诗歌的36个字为韵母，按顺序编号为1~36；然后再将当时字音的8种声调也按顺序编号为1~8，就编写出了完整的反切码体系。

根据中国古人在东汉时期发明的反切注音法，如果密码的编码是“5—25—2”，5是声母“低”字，25是韵母“西”字，2是声调的二声。据此，“5—25—2”就可以读为“敌”字。戚继光还专门编写了训练情报人员的教材。

最实用的密写术：明矾水

密写术是借助特殊墨水，达到写的字不被他人看出的目的。古人使用的特殊墨水并非什么高科技，而是明矾水。用明矾水在纸上写出的字晾干后根本看不见，但如果将纸浸入水中，字迹就会立即显现。

明矾水这一化学特性的发现，现在看来算是小儿科，但在中国古代，这一发现还是相当了不起的。

据《金史·宣宗本纪》记载，金宣宗贞祐四年（1216年），蒙古大军围攻太原城，太原宣抚使乌古论礼便“遣人间道赍矾书至京师告急”。乌古论礼派人带着用明矾水写的密信，走秘密小道到京师求援。

而发生在康熙年间的“矾书案”，则是由废太子胤礽的明矾水密信引起的。康熙五十四年（1715年）春，康熙帝亲征准噶尔。得到消息的胤礽决定利用这次机会翻身。他用重金买通了常为福晋看病的医生贺孟頫，让他带着明矾水密信出宫。没想到密信竟被辅国公阿布兰截获，胤礽恢复太子地位的计划流产。

最简单的“无人机”：纸鸢

间谍收集到情报后，如何将情报传递出去？这需要技术。邮驿、烽火台都可以传递情报，但并不能满足所有的间谍活动。

为此，古人想了很多办法，明人何守法的《投笔肤谈》中就有“封鸽代谍”的记载，利用鸽子传递情报。但鸽子要训练，一般间谍也用不了。于是，古人便用纸鸢作为传递情报的工具。

纸鸢就是风筝，相当于最原始的无人机。据古书记载，古人曾设计出的木鹊，能连续飞行 72 个小时，这是现代的无人侦察机也很难做到的。可惜这种技术早已失传。

纸鸢一经发明，便在军事、间谍活动中被广泛应用，因为纸鸢可以飞得很高，即便被敌方发现，他们也奈何不了。在南北朝时期的“侯景之乱”中，被叛军侯景围困在都城建康（今南京）台城内的梁太子萧纲，便是用纸鸢传递情报，搬来救兵的。

· 摘自《读者》（校园版）2015 年第 11 期 ·

我们能呼吸 Wi-Fi 吗

石　头

在“没网就不能活”的今天，Wi-Fi 似乎成了必不可少的东西。每到一个地方，连上 Wi-Fi 就像捡到了钱一样，要是没连上，整个人瞬间都不好了。那么，Wi-Fi 能否像空气一般笼罩我们的生活？是不是真的会有那么一天，不管我们身处何时何地，只要拿出手机就能连上免费 Wi-Fi 吗？

点一盏灯就能上网

一直以来，在一个人的头顶上画一个闪亮的灯泡，被用来象征一个发明家的灵光乍现。德国物理学家哈拉尔德·哈斯由灯泡本身“点亮”了奇思妙想：依赖一盏小小的灯，将看不见的网络信号，变成“看得见”的网络信号。哈斯和他在英国爱丁堡大学的研究团队最新发明了一种专利技术,利用闪烁的灯光来传输数字信息,这个过程被称为“可见光通讯”,人们常把它称为“Li-Fi”，以示它或许能给目前以 Wi-Fi 为代表的无线网络传输技术带来革命性的改变。

这种让人难以想象的网络技术到底离我们有多远？答案是：很近。它正从复旦大学实验室中一步步向我们走来。复旦大学宣布已掌握灯光上网技术，用光替代无线电波来传输数据。研究者将网络信号接入一盏 LED 灯，灯下的 4 台电脑即可上网，最高网速达 3.25G，平均网速 150M。因为是使用光作为载体，该技术也被称为 Li-Fi。

专家表示，该技术离全面普及已经不遥远，在任何 LED 灯泡中增加一个微芯片，它都能变成无线网络发射器。

谷歌热气球 Wi-Fi

据悉，谷歌目前正在建设一个通过热气球为全球提供快速、稳定的 Wi-Fi 网络的工程，代号“懒人”。

该项目与无人驾驶汽车、谷歌眼镜等同属谷歌 X 实验室的研发项目。谷歌希望打造信息时代的“天空之城”——由无数个热气球环绕地球，以移动基站接力的形式形成稳定的网络信号圈。据悉,谷歌“气球互联网”项目能向地面固定天线提供 22MB/s 的网络信号，向手机提供 5MB/s 的互联网接入服务。

虽然“气球互联网”项目的初衷是满足贫困、边远地区人们的上网需求，但是它也可以通过收取费用，满足部分经济宽裕使用者的超级漫游需求。谷歌计划与当地互联网接入服务提供商进行合作，实现热气球网络的接入，此类测试已经在巴西展开。

Wi-Fi 网络将覆盖大海

Wi-Fi 信号已经覆盖至生活中的各个角落，甚至是高山和草原。据国外最新消息，美国科研人员还打算把 Wi-Fi 信号带到大海中。研究人员研究出了一种“深海计算机网络”——通过水下传感器，将网络数据传输到大海及河川中，提供无线网络。

与以往无线网络的无线电波传输数据的方式不同，该项目研究人员是将声波在水下转换成可传输数据的无线网络。不过，为了实现此目的，科研人员必须要完成多个复杂的步骤，而且耗时也很长。

不过，在大海里覆盖 Wi-Fi 算资源浪费吗？给鱼用？应该没人会闲到跑到海里去蹭网吧。就算要去,设备也是个问题,要防水,还要防鲨鱼吧。对此，研究者给出了自己的回答。这种全新模式的无线网络，将帮助科学家们更好地进行水下的海洋研究工作，例如通过 Wi-Fi 检测、预警海啸等。

狗狗变身移动 Wi-Fi 热点

养了宠物的朋友一定都有带宠物上街的习惯，自然也都希望宠物能有超高的回头率。奇装异服是一种常见的方法，不过这个方法费时费力，现在一个 Wi-Fi 移动设备就足够了。“萌宠”也能装 Wi-Fi！

外媒报道，泰国一家电信公司找到许多猫和狗做“志愿者”，在它们的脖子上挂上支持移动 Wi-Fi 的热点设备。当使用者靠近宠物，连接热点便能上网，网速峰值可达 8.76M/s。这样只需几分钟就能让你家的宠物更受欢迎，轻松获得前所未有的回头率。

有人打趣道，如此一来以后将会是狗遛人，而非人遛狗。也许以后我们会经常看到这样的场景:狗狗疯一般地往前跑,主人大喊的不再是“xx慢点儿!小心有车!”而是“xx你快给我滚回来!我的Wi-Fi断了!”

航空Wi-Fi高速起飞

许多年来乘坐飞机一直需要关闭手机，乘客们关机后会依靠看电视和杂志来打发时间。不过现在飞机上的Wi-Fi连接已经越来越普遍了，比如40%的美国航班、阿联酋和卡塔尔这样的国际航班就提供机上Wi-Fi服务。飞机虽然速度很快，却也是最难联网的空间，即使联网速度也很慢。

美国最大的航空Wi-Fi提供商Gogo致力解决这一问题。其宣布研究出GTO新技术，该技术能使航空Wi-Fi网速峰值达到60M。该技术利用卫星把数据传输到机舱内，再通过蜂窝网络将信号传回到地面基站。

不过，难度如此大的服务自然不会免费提供给你，你愿意为了在飞机上使用Wi-Fi而花上一笔不低的费用吗?

研究人员对美国600个乘客的调查显示，只有28%的乘客对机内Wi-Fi服务感到满意。《华尔街日报》称，目前仅有6%的潜在消费者会购买飞机上的Wi-Fi服务。

偶尔断断Wi-Fi，生活也许会更好

有了Wi-Fi，人们上网的方便程度自然大大提升。但是，人待在虚拟世界的时间必然会对现实生活产生挤压。当你欢快地上网时，你获得了网络世界带给你的快感，但你失去的有可能是它们不可能换来的东西。

朋友聚会，你低头上网，久而久之，你也许就再也融不进朋友圈；上班开会，你低头上网，错过了工作内容，也错过了机会。Wi-Fi存在的

意义是让你在有需要时能更方便地上网，而不是打乱你原有的生活节奏。

面对科技的日新月异，我们更应该把持住，确保自己的生活不被操控。所以，偶尔断开 Wi-Fi、断开网，关掉手机，走出房间，看看这个真实的世界，生活也许会更好。

·摘自《读者》（校园版）2015 年第 12 期·

令人咋舌的“人造”产品

阮华君

人造革、人造毛、人造棉、人造雪花、人造心脏……这些早已不是新闻，如果你以为“人造”仅止于此，那你就错了。进入2015年，科技界最新出现的人造产品，已经远远超出了我们的想象，它们正给人类的生活带来翻天覆地的变化。

人造流星

每当看到流星划破夜空，人们都会赶紧许愿，生怕错过这千载难逢的机会。也许很快，我们就可以随时随地邂逅一颗“流星”了。

2015年年初，日本大学理工学系副教授阿部新助率领的研究小组，开始研发一种人造流星体，曾准备用它“扮靓”2020年东京奥运会开幕式。

这种人造流星体如同一粒粒花生米，它们被装在一个盒子里，搭载着人造卫星被发射到太空，然后从卫星上朝地球射出。当人造流星体冲入大气层和空气发生摩擦时，它们会发热燃烧，放射出耀眼的光芒。从地面上看，它们如同一颗颗闪耀的流星。最后，人造流星体的材料会在空气中燃烧殆尽，化作灰尘，不会砸到地面上的行人。

你一定很好奇："花生米这么小的东西，也能成为流星吗？"阿部新助解释说："其实，真正的流星更小，有的只有约1毫米见方这么大。流星之所以能被人看见，就是因为它以高速进入地球大气层时，与空气摩擦产生高温，在被高温烧尽的过程中，发出非常亮的光。"

阿部新助率领的研究小组正在研究自然界陨石的结构和发光方式，改进人造流星体的材料。相信在不久的将来，人们就能够随时在夜空中看到人造流星了。

人造树叶

采集阳光，通过周围的空气和水进行光合作用养活自身，这是植物10亿多年前生存的本领。近日，美国哈佛大学医学院生物化学和系统生物学系的帕梅拉·希尔韦、埃利奥特·T和亚当斯教授受到树叶的启发，创造出一种利用细菌将太阳能转化为液体燃料的人造树叶。

人造树叶的构想来自科学家早些年的想象：人类终有一天会发现"植物守护着的秘密"，其中最重要的秘密，是植物将水分解成氢气和氧气的过程。

科学家在人造树叶分别产生氢气和氧气的两面薄膜中间，置入日光收集器，然后将人造树叶放入阳光照射下的水中。人造树叶周围会产生气泡，释放出的氢气能供燃料电池产生电力。这对需要电力的偏远地区和落后的发展中国家太有吸引力了，为未来全球能源的可持续发展提供了最直接的路径。

此外，人造树叶的制造原理还可以用于生产药物。一旦人造树叶产生氧气和氢气，氢气就会被“喂”给一种叫“真氧产碱杆菌”的细菌。该细菌中的一种酶能把氢气还原成质子和电子，将它们与二氧化碳结合，就能复制出更多的化合物。研究人员根据这一新方法，制造出了异丙醇。

这个研究团队的当务之急，是通过优化催化剂和细菌，提高仿生叶片转换太阳能的能力。与自然界中将阳光转化为生物质 1% 的光合作用效率相比，他们的目标是实现 5% 的光合作用效率。

人造壁虎爪

无论是多么光滑的墙壁，壁虎都能在上面自由爬行，不用担心会掉下来，这一神奇的功夫靠的是与众不同的壁虎爪。壁虎的爪子上有由微毛组成的支系统，它能够神奇地运用某种类型的分子吸引力（学名“范德瓦耳斯力”），所以能轻而易举地黏附到物体表面。

2014 年 12 月，美国宇航局喷气推进实验室的科学家提出了一种被称作“壁虎爪”的设计，设想打造出类似蜘蛛侠的超能力。该团队开发出的这套系统，属于壁虎爪的一个翻版，设计的仿生微毛结构被称作 stalks（花柄）。个花柄的结构都等同于一个小吸盘，一旦被施力时，密合性就会被激活，释放时，其黏性又会消失。

2015 年，研究人员又借助美国宇航局的 C–9B 飞机（抛物线飞行）对这套系统在失重条件下的表现进行了测试。结果发现，它不但能够“抓住”飘浮状态中约 9 千克的重物，还能托住一名站在航天材料板上穿着特制服装、总重为 113 千克的研究人员。

这款人造壁虎爪系统，有望成为美国航空航天局 Phoenix 计划中的一部分，用于执行从轨道上清理和回收超过 2.1 万块 10 多厘米大小的太空碎片的任务。届时，这些令各国宇宙飞船和火箭卫星唯恐避之不及的太空垃圾，再也不能“横行霸道”了。

·摘自《读者》（校园版）2015 年第 13 期·

那些曾经忽悠你的科学谎言

【美】Eddie Rodriguez

就在我们刚刚开始学会对这个世界产生疑问的时候，父母就已经准备好把我们甩给学校了。谁有时间给你解答那些乱七八糟、稀奇古怪的问题呢？不如让老师来应付孩子们如雨后春笋般冒出来的好奇心吧。毕竟老师处理这些问题要比家长来得更得心应手。

这种想法在大多数情况下确实没错。但有时候老师也有不经佐证就把以讹传讹的内容传播给孩子的毛病。

钻石来自炭块

忽悠：谁都知道，如果你想要一枚钻石的话，你可以选择：第一，到当地的珠宝店花钱买一枚；第二，买一块厚厚的炭块，将其深深地埋到你家后院里，然后等上 1 万年左右再把它挖出来，这样你就拥有了一大颗亮闪闪的钻石。为什么呢？因为钻石形成的两个重要条件就是炭和高压。

事实：尽管科学家目前还不能绝对肯定地告诉你形成钻石的主要原料是什么，但他们都确定，形成钻石的主要原料并不是炭块。

组成钻石的基础元素都是碳元素，而不是炭块。当然了，我们都知道炭块里包含了一堆的碳元素。但情况是这样的：科学家仔细检查了已经发现的大部分钻石，发现其中的碳元素十分古老。有多古老？其形成时间早于地球上的所有陆生植物。那么，你猜猜地球上炭块的组成元素是什么？你猜对了——植物。

为什么我们都被广泛地教导钻石来自炭块呢？有可能是因为真实的解释对于课堂教学而言太枯燥了。关于钻石的形成方式，最流行的说法是：它们最初被深深地埋在地幔之中，由那些富含碳元素的石块受到超长期的高温、高压后形成，最后它们因一场火山爆发，被运输到了地表。有这样一个故事作为背景，那些年老师向我们误传形成钻石的原料是炭块，也就不足为奇了。

狗无法出汗，它们是通过舌头散热的

忽悠：狗不停地喘气是因为它们无法出汗，这听起来怪怪的。出于让人无法解释的一些原因，大自然觉得不给人类最好的朋友一个汗腺，让它们每次要凉快的时候，不得不翻天覆地地把自己搞得气喘吁吁这事挺合适。另外，你可能还听说过狗无法流汗，只能通过舌头散热的事。

事实：在你看来，狗的这种散热方式，其典型表现就是流口水。当然，这倒也没错。狗大口大口地喘气，能够帮助它们在体温过高的时候散热，但这并不代表它们的舌头就是一个巨大的汗腺。如果你看见一条狗的鼻子湿湿的，有一半的可能性是它的汗水，还有一半的可能性是马桶里的水。事实证明，在狗鼻子上和脚掌上最容易观察到它们的汗水。对于大多数狗而言，这是仅有的两处没被毛覆盖的地方。

但是，也别信我们的一面之词，咱们来看看科学是怎么解释的。老早以前——一直追溯到 1835 年，在所有的人都闲得没事干，在人们能够完善自己人性里那些基本的同情心之前，一些疯狂的科学家把狗的毛剃光了，然后把它们绑到实验台上，下面垫上隔热垫。为了取得更好的测量数据，科学家还给狗注射了肾上腺素，以观察它们到底流不流汗。研究结果显示，隔热垫和肾上腺素使得狗全身上下汗流不止。

如果狗的全身上下布满了汗腺，怎么会有那些狗无法流汗的传言呢？这有可能是因为狗流汗和人流汗不一样吧。狗只有鼻子和脚掌上的汗腺，才是用来帮助其散热的，剩余的那些汗腺主要是用来保持它们身上那股独有的腥臭味儿的。

蝙蝠是瞎子

忽悠：有一句人尽皆知的老话叫“有眼无珠”，直译：像蝙蝠一样瞎。这句话或许有些夸大其词，但至少还是有一些事实依据的。毕竟，作为夜行动物，蝙蝠真的对自然恩赐的眼睛需求不高。相对而言，它们更倾向于依靠自己回声定位的能力和对共振的知觉。

事实：蝙蝠眼球的功能和它们不起眼的模样完全不成正比。国际蝙蝠保护组织的梅林·塔特尔声称：“根本就没有瞎眼蝙蝠这回事儿。蝙蝠的视力是极好的。”没错，你刚刚读到的都是真的——除了蝙蝠偶尔遭遇一些悲剧以外，根本就没有所谓的瞎眼蝙蝠这一说。

蝙蝠的视网膜不仅有足够的视杆细胞（夜视的先决条件），而且还有两种类型的视锥细胞：一种是普通的视锥细胞，帮助它们适应日光条件；另一种是紫外光敏视锥细胞，这让它们看起来更像是恐怖的捕食者。蝙蝠分为两种：果蝠，即以花朵和水果为食的蝙蝠；微蝠，即形体微小但又能让你不寒而栗的蝙蝠。在这两种蝙蝠当中，只有一种蝙蝠拥有回声定位的功能，所以，人们普遍认为的蝙蝠完全依赖其声呐系统的观点，也就站不住脚了。当猎物不是“在黑暗中翩翩起舞”而是“一动不动地挂在树枝上”时，声呐就没法大显神通了。所以，对于那些以果实或花蜜为食的蝙蝠而言，紫外线视觉就是其突变的超能力，因为许多花朵都会反射紫外线光。

·摘自《读者》（校园版）2015 年第 13 期·

南极物语

位梦华

从飞机上俯瞰南极大陆，既无村庄，也无绿色，只有白茫茫的一片冰雪，给人一种正在飞往另一个星球的感觉。但是，在这个地球上最荒芜的世界里，也有一些顽强的生命。

地球上的生命世界从地理分布来看，是中间大、两头小，或者说中间密、两头稀，呈纺锤形。赤道地区的热带雨林植物繁茂、动物多样，无论是物种的丰富程度，还是单个物种的个体数量，都非常庞大，生命密度达到地球上的最大值。愈向两极延伸，物种的数量愈少，生命的密度愈小。在南极中心地区，除了偶尔可以找到几个细菌外，几乎是一片死寂世界。

南极大陆的细菌

南极大陆严酷的自然条件不仅对较大生物的生存构成严峻的挑战，而且对细菌这种微小生命的生存和繁衍也是严峻的考验。南极大陆确实有细菌，不仅在气候条件相对较好的沿海地区，而且在气温常年达零下六七十摄氏度的、没有任何有机物质的内陆，每半升雪中仍能找到一个细菌。科学家认为，南极大陆的孤立状态比恶劣的气候更加有效地抵制了细菌的传播，使南极大陆的细菌密度比其他大陆要少得多。但是，通过大气对流、海洋环流和生物迁徙等途径，有些细菌仍然被传播到了南极大陆。南极沿岸地区的一些细菌，特别是某些病菌，都是由人类带过去的。

人类在自己原有的孤立、封闭的生存环境中，往往会适应得很好，生活得很健康，但是，如果有外来者带入新的细菌或病毒，就会造成严重的后果。例如，夏威夷群岛上的波利尼西亚人，世世代代居住在那里，过着世外桃源般的生活。可是航海者带去了新的病毒和细菌，不仅使其人口大幅度减少，而且那里的水果和其他农作物也受到了严重的影响。南极大陆也是如此，许多细菌和病毒都是人们从外界带进去的，一旦适应了那里的气候，它们就会大量地繁殖起来，从而给那里的生物造成致命的威胁。另外，有趣的是，人们发现南极大陆的细菌虽然耐得了严寒，但受不了高温，当温度上升到十几摄氏度时，它们就会纷纷死去。

科学家发现，有些微生物能分泌出某种抗生物质和抗冰冻物质，从而使它们赖以生存的水质发生某种变化，这更利于它们的生存和繁衍。科学家对南极大陆土壤中的微生物进行研究，能够为太空探测提供有用的信息。例如，科学家在南极洲干谷和南极半岛等地进行了详细的观察和研究，了解了那些非常脆弱的微生物是如何适应南极特定的艰苦环境和可怕的气候的。利用这方面的知识，科学家设计出了用于太空探测的生命探测装置，因为南极大陆原始的土壤和环境与月亮及火星表面有点类似。

南极大陆的植物

南极大陆温度低、土壤少，水都结成了冰，唯一不缺的就是阳光。虽然南极大陆有半年是暗无天日的极夜，但也有半年是连续照射的极昼。在这半年的极昼当中，斜射的阳光比较微弱，即使吸光效率最高的绿色植物，也只能用去照射到它身上的阳光能量的5%，但这也完全满足了植物生长的需要。在这种奇特的环境里，生长得最成功的是那些最原始的植物，如藻类、地衣和苔藓。

生长在南极大陆的藻类有350多种，只要提供地点让它们生长，即使环境艰苦、条件恶劣，这种微小的植物也能大量生长，迅速扩散，给单调的南极大陆铺上一层鲜艳的色彩。实际上，除了南极半岛最北端有两三种很可能是候鸟带来的开花植物外，南极大陆只有稀少的地衣和苔藓，而且生长得极为缓慢。据观察，南极地衣在一年当中，或许只有一天的活跃生长期。即使那些个体最大、生长最快的地衣，每100年也才能生长1毫米。因此，在南极大陆，一块半径只有130毫米的地衣，有可能就是这里最古老的植物。

地衣并不是一种单一的植物，而是藻类与真菌的共生体。藻类能进行光合作用，真菌不仅能把虚弱的藻类细胞牢牢地固定在岩石上，而且它的须根还可以吸取水分以供给藻类生长。这样，藻类就可以比它“单打独斗”时获得更多的水分。不仅如此，有些真菌还能分泌出某种物质溶解岩石，从而释放出地衣生长需要的无机物。就这样，藻类和真菌紧密结合，互有所需，构成了一个有机的联合体，这就是地衣。

虽然地衣只是两种弱小生命的联合体，但它具有极为顽强的生命力。有一块在大英博物馆里陈列了 15 年的地衣标本，偶然沾了一点水，居然又生长起来！在实验室里，生物学家惊奇地发现，即使在 -198℃的超低温条件下，南极地衣也能够生存。因此，地衣恐怕也是地球上最为耐寒的植物了。在离南极点 483 千米的一些山峰上，人们发现了生长得很好的地衣，也就是说，地衣是地球上生长得最靠南的植物。

苔藓没有地衣那么顽强的生命力，它只有在由地衣形成的薄薄的土壤上才能生长。但苔藓也有它的惊人之处——隆冬季节，它们往往变得极其干燥、脆弱，一碰就碎，但稍有温暖的气息和水分，它们立刻变得柔软，焕发出一片绿色，呈现出生机，这在几乎看不到生命迹象的南极大陆，显得尤为突出，极为宝贵。

总而言之，南极大陆的植物实在是少得可怜。我们知道，在其他大陆，丰富的植物直接或间接地为动物提供了足够的食物。但是在南极，这种极度贫乏的植物数量不可能为较多的动物提供营养。也许正因为如此，南极大陆上也就没有什么动物。而那些栖息在南极大陆边缘地区的海鸟、企鹅和海豹，都是以海洋生物为食的。

南极大陆最大的昆虫

海洋中最大的动物是蓝鲸，陆地上最大的动物是大象，南极大陆上最大的昆虫是什么呢？是一种只有 12 毫米长、没有翅膀的蚊子。

世界上的动物共有 100 多万种，其中 90% 是昆虫。但是，在南极圈以南的整个地区，包括海洋生物在内，动物种类不到 70 种，其中昆虫种类只有 44 种，多为鸟类和海兽身上的寄生虫。南极大陆最大的昆虫是身长 12 毫米、没有翅膀的蚊子。另外，还有螨虫、跳虫、轮虫和扁虫等。与这样一个广袤的地区相比,昆虫的种类实在是少得可怜。它们多以地衣、苔藓和藻类为食，共同构成了南极大陆脆弱的生物链和食物链。

南极昆虫的品种虽少，但每一种昆虫的数量多得惊人，主要是扁虱、小虫和螨类。这些小小的昆虫都有非凡的耐寒能力，一年有 300 多天都在睡眠之中，身体处于冰冻状态，只有两个月左右的时间可以解冻。一旦苏醒过来，它们便开始紧张地觅食和进行社交活动，以便抓紧时间繁衍生息，传播基因。

只有在南极半岛的水塘中，才能找到南极大陆最大的昆虫，即那种只有 12 毫米长的无翅膀的蚊子，它们在水中跳来跳去。生物学家之所以对这种昆虫特别感兴趣，不仅仅因为它是南极大陆最大的昆虫，而且还在于人们在南美洲也发现了类似的昆虫。科学家希望通过比较，更多地了解动物是怎样从一个地方向另一个地方迁徙和扩散的。而且，通过对不同大陆间类似昆虫的研究，可以了解到动物在代代相传的过程中，是怎样从一种形态演变成另外一种形态的。

在南极大陆最偏僻的东部大冰盖下，有一个沃斯托克湖，深度超过 500 米，至今已经有 100 万年的历史。由于终年不见阳光，又处于极厚的冰川之下，其生态系统完全与世隔绝。就在这样的湖水里，仍然有细菌和真菌的存在。值得注意的是，这里的自然状态与木星的卫星上的状况极为相似。在木星的这两个卫星上，都有极厚的大冰盖，下面很深处可能还有海洋。因此有人猜测：既然在沃斯托克湖里有生命的存在，是不是预示着在上可能也会有类似的生命？

南极大陆最具代表性的生态群落，是在一个干谷里被科学家发现的。

那里岩石裸露，没有冰雪，干燥又寒冷，完全处于原始状态，凭眼睛看去，似乎毫无生命的迹象。科学家发现，在其干涸的河床里，生存着20多种光合细菌、相当数量的藻类和一些依靠它们生存的微小的无脊椎动物，如轮虫、螨虫和跳虫等。具有光合作用的细菌和藻类，相当于植物，是初级生命体，为那些微小的无脊椎动物提供了食物。在这种简单的食物链顶端，有4种线虫，它们分食着不同的动物和植物。在这个微观而脆弱的生态系统中，螨虫和跳虫是最大的动物，相当于森林和草原中的老虎和狮子。干谷里的自然状况与火星表面极为相似。因此，科学家在这里流连忘返，在土壤和岩石里寻找着生命的痕迹。他们由此推测，火星上可能存在着生命。

·摘自《读者》（校园版）2015年第13期·

一间无所不能的实验室

陈 卓

好莱坞制片人米克·埃贝林的日程表上，排满了各种不可思议的事情，其中刚刚完成的一个，是让加拿大农夫唐·莫伊尔先生开口说话，这事儿看起来比登天还难。

自从被诊断患了俗称“渐冻症”的可怕疾病，唐·莫伊尔体内的运动神经元正在被一点点侵蚀。他已经靠呼吸机生活了16年，嘴唇早已无法活动。

“让渐冻人可以说话”——对米克·埃贝林来说，这远非他的全部志向。除此之外，他要做的事情包括用3D打印机为小儿麻痹症患者制造廉价的步态训练器，用脑电波让瘫痪者写字……

他想做的事情太多，于是干脆给自己的团队起了一个名字，叫“无所不能实验室”。

开一张不知道如何兑现的支票

“我爱你，罗琳。”不久前，沉默了整整16年的唐·莫伊尔转动着眼珠，对妻子说。

尽管这句话由机器合成、语调平平，但在场的所有人都激动不已。

米克·埃贝林站在人群中鼓掌，他的“日程表”可以画下一个新的对钩了。而由他创办的“无所不能实验室”又将一项“不可能的任务”变为可能。

在加利福尼亚州的威尼斯海岸，两间平房就是这个实验室的全部。高高的书架上堆满了各式各样的书和厚厚的活页夹。一台3D打印机放在架子的角落。房间里最显眼的大木桌上摆放着各种假肢的原型和成袋的螺丝钉。被涂成芥末黄色的墙壁上，不知道被谁用笔潦草地写下了英文单词impossible（不可能），这个单词的前两个字母被画上大大的红叉。

从2009年成立以来，在这个看起来杂乱不堪的实验室诞生的产品包括：可以用眼球转动来控制作画的“眼神书写器”，可以让四肢瘫痪者用嘴控制鼠标的操控杆，3D打印假肢……最重要的是，这些装置并不昂贵，甚至连“战乱中的难民也能负担得起”。

“这里就相当于我们的惠普车库。”喜欢穿休闲装，留山羊胡子的米克·埃贝林曾经告诉记者。他习惯于和好莱坞明星打交道，曾经成立埃贝林集团，参与过部分影片的制作。

如果不是和“渐冻人”的一次偶然接触，这位美国加州大学的政治学硕士或许永远和科技沾不上边。

2009年，埃贝林的影视制作公司为一位患上“渐冻症”的街头涂鸦艺术家——托尼·奎恩进行慈善捐赠。那时，曾活跃于纽约大街小巷的奎恩，已经安静无比地躺在病床上，全身上下只剩眼球还可以活动。

在布满错综复杂管子的病房，奎恩的哥哥告诉特地从加州赶到纽约准备开出支票的埃贝林，他“只想听托尼再说句话”。

“我见过史蒂芬·霍金，难道不是所有瘫痪的人都可以通过机器交流吗？”埃贝林问。

长久混迹娱乐圈的他被告知，霍金使用的发声机器要花费1万美元，大部分病人无力承担。

埃贝林收起支票簿，并向托尼·奎恩的家人“开了张完全不知道如何兑现的支票”：“他会再次说话，我要给你们一台机器，甚至让他重新开始创作。”

“一个人的思维正常，却不能交流，这实在太荒唐了。”埃贝林说，他的初衷非常简单。

接下来，他给奎恩弄来一架可以让他发出声音的机器，然后找来7名程序员，住在自家的房子里，自己和妻子搬进车库。两周后，他们真的捣鼓出一样能让涂鸦艺术家重拾画笔的玩意儿——“眼神书写器”。

这不过是一副框架上绕满线圈的太阳镜，却可以捕捉托尼的眼神运动，将绘画和字符线条投影到墙面上。

“7年来我第一次绘画。我觉得一直被压在水下，终于有人伸手拉了我。”奎恩在医院的墙上再一次画出字符后对埃贝林表达了感谢。

在这部眼神书写器问世之前，埃贝林和他的合伙人——杂志编辑艾略特·柯特科，已经用铅笔列下了20件事情，并组建了“无所不能实验室”。

“激励我的最好的办法就是告诉我不可能，”在接受《洛杉矶时报》采访时，45岁的埃贝林说，“这是很孩子气的反应，但我就是这样。”

把科技看成一套乐高玩具，你可以从中搭出什么东西

为了给托尼制造眼神书写器，埃贝林和程序员、街头涂鸦艺术家一起，在加州威尼斯的海滨路上买了一副便宜的太阳镜和一些铜线，拆下旧的PS3游戏机摄像头，安装在一个LED灯上。

这副眼镜的造价是250美元，和十几个依靠咖啡才能熬过的夜晚。

“这就好像把全世界的科技发明看成一套巨大的乐高玩具，看看你可以用它们搭出什么东西。”曾经的“技术盲”埃贝林得意地对美国帕克城的媒体说。

埃贝林把那段关于实验室成立的故事搬上了TED大会，至今这段演讲视频已被播放88万次以上。

站在演讲的舞台上，像平常一样身穿休闲衬衫、戴着鸭舌帽的埃贝林挥舞着双手说：“我就是想让每个人在每一天中，当想到一些你觉得应该完成的事时，都应问问自己，如果现在不做，那何时做？如果我不做，那谁来做？”

加拿大农夫唐·莫伊尔的妻子罗琳·莫伊尔一边开车，一边从广播里听到了“无所不能实验室”的报道。

自从使用呼吸器以后，莫伊尔彻底丧失了说话能力，只有依靠一个特制的字母板，拼命转动眼球，他才能在妻子的配合下表达一句话。

“我们愿意做埃贝林的小白鼠。”瘦弱的罗琳说。而“无所不能实验室”很快决定，为莫伊尔搭建一个属于他自己的“乐高玩具”。

当埃贝尔和他的“极客”们见到呆坐在轮椅中的唐·莫伊尔时，他们发现这个从20世纪末就瘫痪的中年人，完全和先进技术绝缘，“连电脑怎么开关都弄不懂”，帮助发声的机器必须用他熟悉的方式呈现。

年轻的工程师贾韦德·甘吉尝试把字母板搬到一台惠普电脑的屏幕上，然后同样由坐在轮椅中的唐用目光来点选字母。

改进一次次进行，以解决输入速度不够快、定位不够准确的毛病。经过3年尝试，唐·莫伊尔终于通过电脑发出了自己的声音。就像智能手机一样，在多次输入以后，电脑还会自动联想，猜出他想要说些什么。

“当看到唐的时候，我想着他可能会是我的父亲，也可能会是我的叔叔，这叫我怎么能无动于衷？”工程师贾韦德·甘吉说。

科学并非遥不可及，它能实在地帮助这个世界和人类

贾韦德·甘吉毕业于加拿大西安大略大学，是通用公司的一名工程师。作为“无所不能实验室”的二十多位发明家之一，他长着一张典型的东方人的面孔。

这些实验室成员来自世界各地，包括工程师、理疗专家、设计师和程序员。比如满脸络腮胡子的大卫·布其诺，是一位拥有西澳大利亚大学博士学位的物理治疗专家。

他们中有的平常就待在这两间平房里，有的只通过电话会议参加某次“头脑风暴”。

发现问题、找到最有创意的人解决它、寻求大公司的技术支持，是这个实验室里常见的工作流程。

“我喜欢把聪明的人集合在一起，让他们衬托我的愚蠢。”埃贝林说，“我们生活在一个大变革的时代，Airbnb（一个普通人可以在网上发布可住宿房源信息，供旅行者挑选的网站）、Uber正在改变社会经济，而众筹是其中最重要的一块。”

如今，给实验室提供资金支持的公司包括英特尔和惠普等，好莱坞

出身的埃贝林会找来优秀的导演为每一个项目拍摄精美的短片，并在其中打上赞助公司的标志。

唐·莫伊尔和托尼·奎恩的故事，也被放在了为他们专门建立的网站上。通过浏览网页，可以免费获取眼神书写器的全部制作方法、所需材料和制作成品。

“我们并不想开发一件东西然后找到硅谷的朋友卖了它，”埃贝林说，“我们只希望制造出的设备有用，让更多人能用得起。”

在2012年南苏丹武装冲突中，14岁的丹尼尔·奥马尔在放牛时被炸弹夺去了双臂。“如果能死的话，我早就死了，因为我已经是家里的累赘。”奥马尔告诉《时代》周刊的记者，他只是当地因战争失去手臂的5万人中的一个。

“你看到这个故事后，怎么能合上电脑然后离开呢？！”埃贝林说。他立即从美国飞到苏丹，在居住了超过7万人的南苏丹伊达难民营里找到奥马尔，并在仍处于冲突地带的医院里，当场架起3D打印机，为丹尼尔打印出一副假肢。

接着，埃贝林找了6名当地年轻人，手把手地教他们如何用3D打印机打印出假肢，然后安装在被战火夺去的残肢上。

“我们想要告诉人们，科学并不是遥不可及的复杂事情，它是可以实实在在地帮助这个世界和人类的。”埃贝林说，“现在的故事只是一个开始。”

那个让涂鸦艺术家托尼重拾画笔的眼神书写器，曾被《时代》周刊选为当年的50大发明之一。在伦敦的一座博物馆里，这部由廉价眼镜改制成的简陋机器，被陈列在谷歌眼镜和刚刚问世不久的虚拟现实头戴显示器旁边。

随着病情的恶化，托尼·奎恩已经很难有意识地眨眼，很快就无法使用眼神书写器了，无所不能实验室的新课题随之产生。

科学家和工程师开始研究脑电波书写器——依靠捕捉脑电波信号，人们只需要在脑子里动动念头，就可以把电脑的光标变为输入模式，再用眼珠的转动输入字符。

这个听起来还是那么不可思议的念头在“无所不能实验室”的官方网站上，很快又被一系列新消息淹没。米克·埃贝林的下一步计划，是帮助失聪的人重获听力，帮助盲人感知头顶上方的空间，“而不是仅仅只知道脚下有什么”。

“我想象自己95岁，坐在门廊上，牙齿都掉光了。我回想这么多帮助了别人的设备是我参与创造的，我会想，‘无所不能实验室’曾经是多么先进的地方啊。”埃贝林说。

·摘自《读者》(校园版)2015年第14期·

西晋时期唯一的物理战

任万杰

晋武帝咸宁五年（公元 279 年）正月，因凉州刺史杨欣与羌族关系不和睦，凉州被鲜卑首领秃发树机能率军攻陷，致使河西地区与中原的西晋朝廷联系中断，西晋朝廷震动。

晋武帝司马炎问大家谁可带兵出征，大家都默不作声。就在司马炎尴尬地看着大家的时候，司马督马隆大声地说："陛下如能任用我，我能平定秃发树机能。"

司马督在当时是一个很小的官职，马隆更是个小人物，大家都说他不行。说实话司马炎也有些泄气，不过还是鼓励马隆说："你要是能平定贼人，我一定重用你，不过你要说一下策略。"

马隆说："我打算招募三千勇士，率领他们向西进攻，秃发树机能必灭。”

司马炎等了半天，看别人也不接招，只好点了点头说:“好吧。”于是，任命马隆为讨虏护军、武威太守。马隆开始自行招兵，他的招募标准很简单，能拉起三十六钧（约 238 千克）的弩就可以报名参军，择优录取、待遇优厚。大家一听，呼啦来了好几万人，一上午就选好了 3500 人。

马隆挑选完猛士，亲自到军械库挑选兵器。武库令看不起马隆，只给他淘汰了的兵器，两个人吵了起来。这一吵不要紧，御史中丞听说了，开始弹劾马隆瞎胡闹。

马隆气呼呼地找到司马炎说：“我们就要战死沙场，可是，军械库管理官发给我们的却是曹魏时代锈烂的兵器，这绝不是陛下派我们出征的本意。”司马炎命马隆随意挑选武器，并且拨给马隆三年的粮草辎重。

有了这些东西，马隆率领这只精锐部队一路向西推进，秃发树机能听说后，也不敢大意，率兵数万严阵以待。马隆知道绝不能硬碰硬，于是开始搞发明创造。用强弓硬弩组成阵形，依《八阵图》做了扁箱车，上面放置木屋，遇开阔地带则以车结营，插鹿角于车外；遇山路狭窄，便将木屋置于车上，人则在木屋内向外射箭，其实就是现在步兵战车的原型，威力惊人。

当秃发树机能的骑兵冲入马隆的阵中，他们的弓箭无法射死木屋中的士兵，但是木屋中的士兵可以用威力更强的强弓硬弩射杀他们的骑兵，而且是百发百中。

这还不是最牛的，马隆在道路两旁堆积磁石。当时，秃发树机能为了在战争中更有胜算，给自己的部队下了血本，他花重金到中原买了很多铁，回来打造铠甲，装备给自己的士兵。这一下，他的士兵明显感觉到有一股力量拉拽他们，使自己行动困难，而晋军均身披犀甲，进退自如。

打了一会儿，秃发树机能的士兵认为这是神的力量，投降的投降，逃跑的逃跑。

马隆带着队伍，很快到了凉州，其他鲜卑部落首领都听说马隆的部队身上有魔力，于是率领几万人来投降。秃发树机能也是胆战心惊，一边抵抗一边逃跑。公元 279 年 12 月，马隆斩杀了秃发树机能，历时整整 10 年的叛乱就这样平定了。

·摘自《读者》(校园版) 2015 年第 14 期·

世界上第一张照片

吴　钢

要想知道哪一台相机是世界上第一台相机，一定要先了解哪张照片是世界上第一张照片；要想知道哪张照片是世界上第一张照片，还要了解是谁拍摄了这张照片。因为，拍摄这张照片的人使用的这台相机，才能被称作“世界上第一台相机”，而拍摄这张照片的人，就是摄影术的发明者。

人类对摄影术的探索和发明，有史可查的，可以追溯到公元前400多年。世界上最早的关于摄影光学方面的研究者是中国春秋时期的墨子，他根据多年的观察和研究，在公元前400多年就提出了小孔成像理论，并且用文字详细地记载了下来。墨子是摄影光学研究的第一人，他的理论成就，也得到西方史学家的一致认可。

16 世纪初，欧洲的科学家和画家根据小孔成像的原理，制作出了一种利用光学原理观察景物的“描画器”，又称“黑盒子”。这种黑盒子的原理是：黑盒子前面有一个小孔，外面的景物通过小孔，在黑盒子后面的磨砂玻璃上成像，这样就可以准确地观察到景物在平面上形成的影像效果。后来人们又在黑盒子的前面加装了简单的镜头，后部安装了向上倾斜 45° 的镜子，在镜子的上方安装了磨砂玻璃，通过磨砂玻璃观察景物；也可以在磨砂玻璃上铺上半透明的纸张，把景物描绘下来。

把黑盒子里看到的影像固定住，在当年是一个科学幻想，许多人都梦想着有一天能把眼前的景物固定下来，作为永久的回忆。

意大利物理学家波尔塔、法国物理学家查尔斯、英国物理学家韦奇伍德都为此进行过不懈的努力。

法国的石版画家尼埃普斯在雕刻石版画时，为了提高工作效率，试图找到一种比手工雕刻更加快捷的刻版技术。他异想天开地把太阳当作刻版的工具，通过多年的实践，终于找到了一种在阳光照射下能够变硬的犹太沥青。他把犹太沥青涂在金属版上，再把一张画稿铺上去，在太阳下暴晒。阳光透过画纸上的白色部分，沥青变硬，黑色部分不透光，沥青没有变化。这时再用薰衣草的汁液把没有变化的沥青洗掉，一个用“阳光”雕刻出来的凸凹不平的印刷版就制成了，这个刻版比手工雕刻版更加真实自然。

尼埃普斯于 1825 年采用晒版技术复制的牵马人版画得以保存下来，版画的原作者是斯多普。尼埃普斯在铜版上晒制出凹凸版，然后利用湿版印刷技术得到这幅画的印制品，这比传统刀工雕刻的手工印刷版要准确得多，完全是原版的拷贝。

尼埃普斯于 1826 年通过晒版技术复制出的、绘制于 1650 年的红衣主教画像的晒版画也保留至今，这都证明了尼埃普斯在晒版技术上的成功。但是，这也只是发明了“晒版画”，因为这些都是把绘画作品平放在涂有沥青的金属版上，晒制出凹凸有致的印刷版，再印刷出晒版画。这些都还是绘画的复制，还不能说是发明了摄影。

尼埃普斯再接再厉，仍然利用犹太沥青涂在金属版上，然后把版放在黑盒子后面，进行长时间的照射。光线照射到的沥青会变硬，此时再把这块金属版浸泡在薰衣草的汁液里，这种汁液就把版上没有照射过阳光的那部分沥青溶解掉，晒过的地方沥青保留下来，图像就显现出来了。

尼埃普斯通过反复试验，终于在1826年透过他的住房窗户，拍摄出了窗外的景物。尼埃普斯的拍摄方法称为“沥青法摄影”。这张名为“窗外的景物”的照片，其原作得以保存到现在，是世界上第一张照片。尼埃普斯当年与其兄长间关于摄影试验的详细叙述的通信也留存至今，因此照片和拍摄时间都得到了印证，足以证明尼埃普斯遥遥领先于世人，首先解决了在“相机”中固定影像的难题。这不仅符合现代摄影理论，也是大多数人的共识。正是从这天起，一直被称作“黑盒子”的影像箱，可以改称为“相机”了。

尼埃普斯在1833年7月5日与世长辞。这位世界上第一张照片的拍摄者、第一台相机的制作者、摄影术的真正发明人，生前穷困潦倒，死后负债累累，他的太太不得不住进救济院，靠政府的救济度日。

现在，巴黎市内的14区有一条小街被命名为尼埃普斯街。尼埃普斯居住的沙隆市市政府为他塑了像，塑像上的尼埃普斯目视前方，左手拿着他的相机和感光板。1933年，沙隆市在离尼埃普斯住处不远的公路旁边筑起了一座高墙，上面写着：“在这个村子里，尼埃普斯于1822年发明了摄影。”

· 摘自《读者》（校园版）2015年第14期 ·

一亲密就无间的橡皮与塑料

蓝色妖姬

不小心将橡皮擦同塑料尺放在一起，等再次拿出来却发现塑料尺已经和橡皮擦粘在一起了。为什么它们在每次亲密会面后就变得“无间”了呢?

原来，橡皮是一种固体溶剂，而塑料是一种高分子聚合物，加热的话，橡皮会变软甚至能够流动，低温时则会变硬。但它不是晶体，它没有固体的熔化温度。也就是说，塑料并不像它的表面形态那么“固态”，判断它究竟是“固态”还是“液态”，仅仅是时间尺度的问题。塑料之所以显示为固态，是因为它的分子较大（或者说较长），往往还有支链等结构，这么大的分子运动起来自然比小分子慢很多。所以，要使塑料发生变形，需要较长的时间。因此，在持续时间较短的力的作用下，塑料就显得像是固态了。

对于塑料来说，其中的分子倾向于向橡皮中扩散。因此，当塑料尺子长期与橡皮接触，只要经过足够长的时间，塑料和橡皮就会发生一定程度的相融。往往温度越高，分子运动越快，那么这种相融的过程发生得就越快，所以在夏天经常可以观察到这样的现象。

·摘自《读者》(校园版)2015年第14期·

你觉得人类2.0会是什么模样

郑浩然

经过数百万年的演化，人类当前似乎已日臻完美:我们的身体和大脑，可以应付现代生活给我们的身体和心理带来的各种挑战。

但不管我们觉得当前人体有多么完美，对环境适应得有多么良好，演化依旧快速地进行着。2012年，一个国际科研小组分析了近6000名芬兰人的出生、死亡以及婚姻等数据，结果证实，自然选择和性选择仍然在发挥作用。科学家还研究了冈比亚的成年女性，从中也能看出性选择存在的痕迹:那些个子高、苗条的女性拥有更多的孩子。人类不仅在演化，而且演化的速度还越来越快。在迄今为止规模最大的一次遗传变异研究中，研究人员分析了100多万个目前发现于人类身上的变异，结果证实，绝大部分的变异都是在我们200代祖先以内发生的。

人口膨胀是人类进化加速的重要原因之一，人口越多，出现遗传变异的机会就越大。加上生活水平和医疗水平的提升，未成年人的死亡率大大降低，绝大多数人能活到成年，然后结婚生子。这意味着有更多的变异能够保留下来，并成功地传递给下一代，而有益的变异更是几乎都能代代遗传下去。

当然，我们的生活方式也发生了显著变化：我们吃着新品种的食物，用着新的工具；很多人都住在大城市里，不同种族间的交流和相互影响也远多于5000年前，这些都意味着，我们必须适应新的环境。

因此，人类目前的身体顶多算是人类1.0版本，未来，我们的身体必将升级为2.0版本。那么，人类2.0会变成什么样子呢？

脑袋变大，记忆变差

最重要的变化应该是大脑吧，因为脑力劳动在我们生活中占据的比重越来越大，所以大脑也会越来越大。

可是，这个答案并没有大家想象中的那么理所当然，因为生物学家发现，在过去的两万年里，人类的大脑其实一直在缩小。很不可思议吧。男性的平均脑容量从两万年前的1500立方厘米下降到了现如今的1350cm3，减小的体积足有网球那么大，女性的大脑也是如此。

为什么会这样呢？许多生物学家认为，头越大，母亲分娩的时候越容易难产，所以，那些大头颅的胎儿更可能因难产而夭折，没办法把自己的基因遗传下来，而小头颅的胎儿容易顺产，于是人类的脑袋就逐渐缩小。但剖腹产的出现解决了这个难题，大头颅的胎儿也能够顺利出生了。没了这一限制，所以许多科学家认为，未来人类的大脑将会比我们的大。

大脑的一些功能可能也会发生改变，因为科技已经影响了我们记忆的工作方式。大脑作为一个效率至上的“机器”，更倾向于记住信息存放的地方，而不是信息本身——即记住哪些信息大致在哪些书里，到时一查即可。如“鸿门宴”的故事在《史记·项羽本纪》中,《好了歌》在《红楼梦》中，这显然比准确记住这些信息要简单易行得多。而互联网时代的到来，可能会让我们的大脑变得更“懒”，因为随时随地都可以“百度一下”。我们的阅读习惯也发生了改变，因为网络上的信息太多，所以很多时候我们更倾向于直接找答案，而不是耐着性子认真研读。而且也不会像过去那样认真记住答案，因为随时都可以上网搜索到，所以记忆功能显得越来越不重要。长此以往，我们大脑的记忆功能将会受到损害。

除此之外，人类 2.0 还有什么变化呢？

大眼睛，小下巴，修长苗条

眼睛变大，智齿消失，牙齿变小，肠道变短。

大眼睛是性选择的结果。如果某些特性能使人对异性更有吸引力，那么他或她更可能找到配偶，然后孕育后代，这些特征也就会随之遗传下去。大眼睛就是女性最常被提及的有吸引力的特征,因此在人类 2.0 中，这个特性会变得更为常见。

而经常让人痛得寝食难安、恨得咬牙切齿的智齿会彻底消失，因为它们基本上什么功能都没有，而它的生长还要消耗能量，所以完全没有存在的理由。还有研究发现，我们的牙齿比 10 万年前的人的牙齿小了近一半，所以未来人类的牙齿也可能会比我们的小。这是因为我们的食物越来越精细，并不需要太多的咀嚼。而这两点意味着，未来人类将拥有现在许多人梦寐以求的小下巴。

肠道变短是为了对抗现在日益严重的肥胖问题。研究发现，不胖的人之所以不易发胖，通常是因为他们的肠道稍短，而与不胖的人相比，肥胖的人更难孕育小孩，所以短的肠道更具有演化优势。其实，我们的肠道已经远比我们的先祖短了，因为我们食用煮熟的食物，这让营养更容易吸收，不再需要以前那么长的消化道了。所以，未来人类的肠道可能会更短。肠道里的细菌可能也会提供一些援助，比如演化出能够更好地分解脂肪的肠道细菌。这样看来，人类 2.0 将比我们更加纤细苗条，而且完全不用担心变胖。

总而言之，我们的升级版应该长得比我们更好看！

娇弱，单薄

不过他们却比我们更脆弱。

随着人类越来越依赖于药物，其免疫系统的功能也会越来越弱。就拿激素来说，未来的你可以通过补充激素来调节体内激素的含量，以获得最大的幸福感。随着时间的推移，你的身体会依赖于额外的激素。如想要长得高大雄壮，可以补充点生长激素；血糖高了，可以打胰岛素；其他如性激素（雌激素、孕激素及雄激素等）都可以使用。而因为随时都可以补充，所以自身能否产生足够的激素变得不那么重要了，而且到 10 万年以后，也许我们的身体就不再自己产生激素了。

这样一来，我们身体的许多功能都可能退化。虽然看起来人类似乎强大到可以随心所欲地调节、控制自己的身体了，可实际上这一切是很脆弱的，离开了那些工具和药物，人类就像离开水的鱼，无法存活。

同时减弱的还有人类的力量。根据科学家的预测，我们肌肉的力量会减弱，因为人类不再需要强大的力量以战胜狮子等捕食者，连繁重的体力劳动也将由机器人代劳。那些控制肌肉力量的基因不再能给人类带来更多的生存机会，所以它们的功能将在未来 10 万年内逐渐减弱。

简而言之，身体的力量不再推动演化。现在就已经很少有人是因为孔武有力而赢得异性的芳心了，成功的更可能是那些拥有良好的社交技能和能言善辩的人，所以人类学家认为，这些品质在将来会变得更常见，那时的人类会比我们更有魅力、更加迷人。

也许在 10 万年后的人类 2.0 的眼中，今天的我们就是一群笨拙、难看又沉闷无趣的家伙，就像我们今天看大猩猩一样。但今天的我们却比未来的他们更强壮、更有力量，这是悲是喜？

·摘自《读者》（校园版）2015 年第 15 期·

我们还缺怎样的博物馆

陶短房

“活着”的学府博物馆

从美国纽约42街的长途客车站坐两个半小时的长途车，便可以到达成立于1802年的西点军校。在西点游客接待站搭乘专用游览车，在退役军官（有时甚至会是一名参加过多次战争的退役将军）的带领下，你可以看到著名的“美国大兵塑像”和大名鼎鼎的南北战争殉难学员纪念塔；可以看到纪念塔旁的树林里，有无数门古老的火炮，这些都是独立战争至美西战争的一个多世纪里，美军从外国军队手中缴获的战利品；可以看到埋葬着诸多毕业于西点的历代美军名将的西点公墓……当然，在操场、纪念塔或公墓短暂的停留期间，你也有机会见到西点军校的在读学员，甚至有机会和他们合影，这会让你猛然间从历史中被拉回到现实。

如果觉得只有富国才有这样“校馆一体”的博物馆,那就大错特错了。在非洲腹地的内陆国家马里，古城廷巴克图有一座著名的桑科尔大清真寺。这座集古建筑、知名清真寺和著名学府于一体的“马里瑰宝”始建于1325年，至今已有690年的历史。近700年来这里一直保持着“既是清真寺、大学、图书馆，也是博物馆”的特色，任何人都可入内参观（但不许拍照）。用黄泥垒成的建筑虽然遇雨即坏，但同样用黄泥修补后却总能“整旧如旧”，因此，几百年来一直保持着昔日“撒哈拉以南非洲第一学府”的风韵。

与之相比，中国显然还缺乏这种“校馆一体”的博物馆，尽管一些名校同样有悠久的历史，但或已不复学府身份，而成为单纯的博物馆、纪念地，或人去楼空挪作他用，得不到应有的保护。近年来，一些大学也尝试开放校园，却总给人一种“收费公园”的感觉，而缺乏那种“亦学府、亦博物馆”的独特意境。

场景还原式博物馆

比利时的滑铁卢战争博物馆，号称“世界上保护最好、最完整的古战场”，自2013年5月9日起，比利时又斥资4000万欧元进行战场还原，准备赶在2016年6月18日（滑铁卢战役200周年纪念日）前竣工。届时，这里的古战场将进一步“修旧如旧”，博物馆将搬到地下，“正日子”当天，还会举行规模盛大的场景还原活动。

这种场景还原式的博物馆在欧美比比皆是，如美国葛底斯堡（南北战争）、加拿大魁北克城（英法魁北克战争）和尼亚加拉－昆斯顿（第二次英美战争）等。其共同特点是平时为博物馆、纪念地，力求简朴、安静。如英法魁北克城古战场遗址，平时就是个开放式的公园，只有军事迷才能从“修旧如旧”的堡垒、炮位、工事和地形、地物中，嗅到昔日的硝烟味道；可是一旦“正日子”临近，就会很早大张旗鼓、不惜成本，精心编导一场在真实场景上的“历史还原秀”。2012年10月13日，第二次英美战争首战——尼亚加拉-昆斯顿战役爆发的纪念日，当地市政府、博物馆和专门成立的纪念委员会，早在大半年前就公开了全部活动议程，开设了专用网页，并根据互动反馈多次修改场景还原的细节。“正日子”当天下午3点，加拿大安大略省尼亚加拉-昆斯顿，数以百计的武装人员穿着大红色的英军旧式军服、灰褐色的加拿大民兵制服和五颜六色的原住民服装，拿着老掉牙的燧发枪、长矛和旗帜，拖着前膛火炮，举行了一次有声有色的战场场景还原仪式。

与之相比，国内一些号称场景还原的活动，几乎都变成了俗不可耐的“古装商演秀”，剔除花哨的声光电，还能剩下多少“博物”的积淀？

不“博物”的博物馆

在加拿大，每年5月18日的博物馆日，被许多家庭当作“亲子活动日”，父母带着未成年的子女，去博物馆共度半天时光，成为这一天最常见的一道风景线。

最热衷举办博物馆日活动的，是那些社区博物馆，这些博物馆通常附属于社区图书馆或活动中心，规模很小，藏品也不多。

加拿大是一个建国历史并不悠久的年轻国家，温哥华、卡尔加里等知名都市，开埠至今也不过100多年的历史，许多社区的历史就更短，以介绍社区掌故、文化为特色的社区博物馆，所藏之物也往往并不怎么“博”。我居住的卑诗省素里市弗里特伍德社区的博物馆只有一间不大的屋子，里面有社区创始人的半身铜像、事迹简介，一些社区不同时期建筑、名人的图片，几件表现社区创建前当地原住民文化、风俗的工具、服饰和手工艺品，这些就构成了这座博物馆的基本展品。平时这里大门敞开，在图书馆读过书，或在活动中心玩累了的孩子，往往会被家长带来这里，休憩之余，了解一点社区的历史、人文和特色。加拿大十分重视对社区归属感的建立，这种归属感正是在这种看似冷清、乏味的“随便逛逛”中，潜移默化形成的。

并非每个国家都是文明古国，博物馆也未必非得“博物”才吸引人、才有价值。敞开大门，突出特色，强调互动，让孩子们不知不觉形成逛博物馆的习惯，才是重点。中国最缺的博物馆，或许不是“高大上”的大型馆，而正是加拿大这些并不“博物”的社区博物馆；中国博物馆文化最缺乏的内涵，或许也不在于藏品之丰富，馆舍、设备之豪华现代，而在于这种渗入社区日常生活中的“地气”吧！

·摘自《读者》(校园版)2015年第15期·

眼泪为你保守密码

余　壮

简单的数字密码，是大多数个人保护隐私的最常见方式，但越来越多的泄密事件使人们意识到，传统的数字密码存在很大的漏洞。据一家国际机构统计，在所有银行卡的欺诈损失中，通过盗取密码等途径制造的伪卡，给持卡人带来的损失占68.94%，而遗失卡被盗用造成的损失仅占9.57%。为此，科学家开始寻找新的途径，来破解泄密这一世界性的难题，并把目光瞄准了眼泪。

眼泪可以作为密码？乍听起来，似乎有些不可思议：印象中，泪水只会暴露我们内心最私密的感情，它怎么能成为保护我们最私密信息的得力工具呢？

澳大利亚科学家的试验已经证实，使用光学技术扫描人类的眼角膜上的泪水，是可以作为密码的。对此，科学家做出了进一步解释：首先，人类的角膜需要透过泪水获得养分，而每个人的角膜都有自己独特的图像，并且随着眨眼运动，每一次使用光学扫描仪对眼角膜上的泪水进行扫描时，都会获得不同的图像数据。这些数据间的差异虽极为微小，却又是实时变化的。所以，黑客很难复制与追踪它。如有不死心者，尝试使用某人上次登陆的数据，机器则会认为其无效，因为机器能够“懂得”每次扫描的结果都应该有细微的变化。换句话说，这种眼泪密码是一种一次性的生物密码。

眼泪密码有着广阔的应用前景，如智能手机、处理支付、收发电子邮件、公司在线机密文件等，甚至还可以运用于自动取款机或进入机密区域的大门。届时，我们只需轻松地眨眨眼，而完全不必担心密码被盗，因为眼泪会永远为你保守秘密。

·摘自《读者》(校园版) 2015 年第 15 期·

一颗雨滴的奇妙世界

刘浩天

在地球上，每天都会有无数的雨滴从天而降，这些雨滴虽看似平凡，但它们其实有着非常精彩的故事。

奇妙的旅程

每一颗雨滴在落到地面之前，大都经历过一段令人难以置信的旅程。比如一滴落在欧洲的雨水，它可能在 9 天前就开始旅行了。当时，那颗水滴或许正躺在纽约的港口晒太阳，但阳光使它变热，把它蒸发成了气体。水蒸气并不抱怨，它听从自然界的安排，一边慢慢地往上爬，一边被季风吹向东方。

在经历了长途跋涉之后，水蒸气来到欧洲上空，它的位置已经很高了，空气变得更加寒冷。水蒸气感到疲惫，它需要寻找一个地方来休息。在大约6000米的高度，水蒸气发现了一处可以“停靠”的地点，它抓住一个灰尘颗粒，变成了一个小冰晶——雨滴的“胚胎”。这个“胚胎”从周围的空气中提取水分，尺寸和重量越来越大，当云团挂不住它的时候，它开始跌落。雨滴在降落的过程中，会碰撞或融合其他的“小伙伴”，在25分钟的降落时间里，雨滴的尺寸变成了初始的20倍，最终其直径达到了2毫米。已有实验证明，如果一颗雨滴以19千米/小时的速度撞入水中，它可以穿过水面并仍然完好无损。

水分子需要微小颗粒来“停靠”，这对“雨滴”的形成非常重要。如果没有颗粒，就不会有云，也就不会产生降水。所以，能不能够产生降雨，很大程度上取决于微粒的数量。但是，问题又来了，在毗邻海域的沙漠地区，那里有着大量的水分和尘埃，但为什么始终缺少雨水呢？

问题的答案在于一个简单的比例：如果空气中微粒的浓度超过了1200个/立方厘米，由于微粒太多了，有限的水分子被分散到众多的微粒上，只能形成微小的雾霾，反而无法形成足够大的雨滴。

在天空中更高的地方，雾霾冷冻成细碎的冰粉末。这些冰粉末很不稳定又容易升华，它们的升华过程会影响气流层中水的循环过程，并阻碍雨滴的形成。在遭受严重空气污染的地区，这会导致一个潜在的恶性循环：虽然雨水在降落时能够冲刷灰尘和有毒气体（1升的雨水可以清洁30万升的空气），但是如果尘埃太多了（空气污染太严重了），能够带来降水的云彩会很少，不但雨水的清洁作用无法发挥，雾霾也会越来越多，空气质量仍会持续下降。

雨滴像眼泪？错了

恐怕没有人知道地球上每天会下多少场雨，有多少雨滴会落到地面上来。云团里面的小水滴或者小冰晶互相碰撞，合并在一起长大，直到整体的重量超过上升气流所能提供的向上的力量，它们在重力的作用下，落到地面上，形成降雨。

在降雨过程中，云层中的原始雨滴由于凝结核的大小不同，凝结发生的先后顺序不同，其大小是不相同的。并且大小水滴之间的碰撞，使大水滴不断增大，小水滴也会变小。当水滴不断增大，在空气中下降时就不再保持球形。开始下降时，水滴的底部平整，上部因表面张力而保持原来的球形。当水滴继续增大，在空气中下降时，除受到表面张力外，还要受到周围空气的压力以及重力的作用，二者的作用效果均随水滴的增长及下降而不断增大。在这三种力的作用下，水滴变形越来越剧烈，底部向内凹陷，形成一个空腔，形似降落伞。空腔越变越大，越变越深，上部越变越薄，最后破碎成许多大小不同的水滴——这才是我们在地面上所看到的雨滴。

我们常常把雨滴画成流线型的泪滴形状，但这是错误的。雨滴有大有小，其形状各不相同。直径小于 0.25 毫米的雨滴称为小雨滴，为球形；直径大于 5.5 毫米的雨滴称为大雨滴，大雨滴开始的形状为纺锤形，在下降的过程中因受到空气阻力的作用，其形状更像汉堡包，有着圆形的顶部和扁平的底部。

雨滴在空气中的降落速度最初是逐渐增大的，随着雨滴降落速度的增大，空气阻力也逐渐增大，雨滴的加速度则逐渐减小，最后加速度减为零,雨滴呈匀速下降。这时雨滴的降落速度达到最大值,叫“雨滴终速”。

直径 0.1 毫米大小的雨滴，其雨滴终速是 2~3 米 / 秒，最大雨滴的下落速度为 8~9 米 / 秒。

如果一场暴风雨中的所有雨水汇聚成一整滴雨

如果在一场暴风雨中，所有的雨水在几千米高空汇聚成了一个巨大的水滴，成为一个直径超过 1000 米、重量达到 6 亿吨的水球，那会是怎样的情形？有科学家做出过如下推测：大概有五六秒的时间，人们看不出任何异常。之后，云层的底部向下隆起，在某一瞬间看起来，有点像正在形成的漏斗云。隆起逐渐变大，在第 10 秒，水滴会脱离云层落下来。

这个巨大的水滴以每秒 90 米（每小时 324 千米）的速度下落，狂风在水滴表面吹起水花。水滴的边缘会产生泡沫，因为空气被挤了进去。大约在水滴形成之后的第 20 秒，水滴的边缘触到了地面，此时它的运动速度超过了每秒 200 米。在撞击点的正下方，空气来不及排出，被压缩的空气迅速升温，瞬间可以达到几百摄氏度，几乎能点燃草地。

对草儿们来说，高温不过几毫秒，一大坨凉水便倾斜而至。但凉水的速度超过了音速的一半，小草估计会被水球砸到地底下了。同时，水球砸向地面，水球向下的压力遇到地面后，一部分被弹起，而大部分朝四方分解，形成高速的激流，向四面八方奔流而去。那部分被弹起的又落下，形成又一波奔流——这样一浪又一浪地向外扩张，像冲上岸的海啸巨浪一样，拔起树木，冲毁房屋，卷起土层，将沿途的一切毁灭殆尽，甚至 20~30 千米内的建筑物都会被破坏。只有被山脉保护的地区，才会幸免于难。

更远的地区基本上不会受到水浪的影响，然而下游几百米甚至上千米外的河流附近，在撞击后的几个小时内，将遭遇一次突如其来的洪水袭击。

悬浮的海洋

每颗雨滴自生自灭——水滴蒸发，水蒸气上升到空气中的冷层，形成云团，然后又凝聚成雨水滴落下来。但是，这些还不是“雨滴故事”的全部——我们往往忽略了雨滴们的规模和成分。其实在数千米甚至上万米的高空，亿万吨的云彩不仅在周游世界，而且在通过降雨的方式，对海洋、河流以及湖泊中的水分进行分配管理。据估计，地球每天有超过 15 万亿吨的水——整个地中海水量的 3 倍之多——正悬挂在我们的头顶上。它是一个盘旋在空中悬停的海洋，对于地球生命至关重要。没有雨水，植物、动物和人类将会在几年内统统消失。

我们头顶上这片巨大的、可谓是名副其实的海洋——每一颗雨滴所包含的都远不仅是水。科学家分析了雨滴之后发现，促使它们形成的悬浮颗粒中，不仅含有火山灰、沙漠尘土或者海洋中的盐分，还含有细菌、病毒以及 DNA 分子。实际上，有一个包含着生命物质的海洋悬浮在我们的头顶上，数千种的细菌、小生物在环游世界，封存在雨滴中。当雨滴落下时，它们随之落入土地，生根发芽。

每天，都有亿万颗雨滴从天空落下，每一颗都代表一个迷人的小规模的宇宙。这小小的雨滴，折射的可真是大千世界！

·摘自《读者》(校园版) 2015 年第 15 期·

假如地球上没有人类

北漠寒琳达

人类出现之前，地球是什么样子？如果我们不曾存在，今天的地球仍会是那个样子吗？如果人类突然从这个星球上消失，世界将会变得怎样？

假如地球上没有出现过人类

想象地球最近 12.5 万年的历史被记录在一盘磁带上——那种老式的厚带子，缠在两枚金属轴之间。随着每一秒钟的流逝，磁带从一根轴上徐徐展开，又卷到另一根轴上。然后，假设我们可以停下这盘带子，调转它的方向，倒带。慢慢地，随着金属轴一圈圈地转动，时光倒转，人类对地球施加的影响几乎全部消失。

在这个倒带的过程中，每一分钟相当于10个足球场那么大的天然森林和林地被恢复。一开始，在失而复得的每一年里，都有略大于丹麦国土的一片区域重新被森林覆盖。只需要大约150年，地球失去的森林便可以恢复大半。与此同时，绵延的城市化地区潮汐一般退却。大都会萎缩成城市，城市退化成城镇，曾被它们占据的地方重现未开化时的葱茏。

全世界的河流自由奔腾。海床上不见了沉船和纠结的线缆。臭氧层恢复原貌。曾经生存过的人留下的遗迹均从地表消失，化石燃料、珍稀的石头和金属，以及其他矿物都回到了地层中。亿万吨污染物，包括二氧化碳和二氧化硫，从大气中抽离。

最终，我们抵达了一个对于我们来说似乎挺遥远的时间点：距今12.5万年之前。从地质学的角度来看，这只不过相当于回到了昨日，但是从彼时到此刻的这段时间，代表着现代人类的全部生存史。把磁带倒回到那一点之后，我们几乎消除了人类对地球的全部影响。那么，地球看起来会是什么样子呢?

12.5万年前，地球正处于伊缅间冰期。这是一段长达1.5万年的低气温阶段，夹在两段历时更久、气温更低的冰川期之间。忽然之间，世界变得温暖而苍翠。北半球的大陆冰盖从欧洲的德国和北美洲的伊利诺伊之类的地方退却。

智人正是这种温暖而稳定的气候的受益者之一。我们的这个物种最早大约在20万年前出现在东非。12.5万年前的人口数量为1万~10万。这些人以采集和打猎为生，正开始向祖先的家园之外迈出步伐。

不过，我们并不孤单。“至少曾经有过3种人科动物，”位于纽约市的美国自然历史博物馆人类学负责人伊安·塔特索尔说，“有非洲的智人、东亚的直立人，还有欧洲的尼安德特人。”世界上还挤满了大型动物——

鲸在海洋中游弋，巨大的食草兽群在陆地上游荡。

10万年前，人类开始以现代风格行事

但接下来，一切都毫无预警地改变了。更确切地说，人类首先改变自己，继而改变了这个世界。“其实一开始，局面并没有失控，直到10万年前，人类开始以现代风格行事，”塔特索尔说，“也是在那之后，人类走出了自然，将自己定位于自然的对立面，开始做我们所熟知的那些调皮捣蛋的事。”

塔特索尔所说的那些调皮捣蛋的事，哪怕只是读一读其中一份不完全的列表，也足以让人警醒。在公元前2000年左右，世界人口数量大概只有几千万，到了1700年是6亿。如今，全世界的人口数量超过了70亿，而且还在以每天约22万的数量增长。根据联合国粮农组织的统计，全球牲畜的存栏总量为14亿，大约有10亿头猪和羊；全世界有190亿只鸡，几乎相当于每人3只。

与我们的人丁兴旺相对应的，是前所未有的能源消耗量。仅仅在20世纪，能源的消耗量就比以前增加了16倍。

我们改变了地貌。农业的发展和火的使用几乎已经影响了所有地方的环境。在很多地区，农田代替了天然植被。整个星球30%~50%的陆地表面被人类以各种方式利用，我们还取用了全球超过一半的可获得淡水。

自从站在了自然的对立面，现代人类也开始了迁徙，像随风飘洒的种子一样散布到世界各地。12.5万年前，人类定居于近东；5万年前，定居南亚；4.3万年前，定居欧洲；4万年前，定居澳洲；3万年至1.5万年前，定居美洲。最后一次占据值得一提的可居住大陆，发生在约700年前的新西兰。

每到一处，人类都带去了动物，有一些是故意带去的（狗、猫、猪），还有一些是无意的（老鼠）。美国马里兰大学环境学家厄兰·艾利斯说："往一个平衡而精巧的生态系统内引入非本地物种，会造成不可逆转的影响。尤其是老鼠，它们产生的影响巨大。任何在地上或者老鼠能踏足的地方筑巢的物种，都会沦为它们的牺牲品。"

当然，人类本身就是高效的杀手。已知的很多物种都是因人类的捕杀和骚扰而走向了灭亡，其中最著名的是渡渡鸟（最后一次确凿无疑的目击发生在 1662 年）。

根据 2010 年的一份报告，要想捕到同样数量的鱼，英国渔船要比 19 世纪 80 年代多付出 17 倍的工作量。捕鲸业也已经将海洋改变得面目全非。在 20 世纪，好几种鲸被猎杀到灭绝的边缘，它们的数量至今没有恢复。

我们还改变了气候。2013 年 5 月，大气中的二氧化碳含量超过了 400ppm（1ppm 即为百万分之一），这是几百万年来的第一次——12.5 万年前，这一数字还只有 275ppm。其增长原因一部分是由于燃烧化石能源，此外还与全世界对森林的砍伐有关。

如果人类在 12.5 万年前灭绝

通过回转时光磁带，人类对地球施加的影响几乎全部消失。现在，我们做点别的：除掉智人。想象一下，12.5 万年前，我们在东非的那一小群祖先被一次灾难消灭了：也许是致命病毒，或是自然灾害。

然后再次朝前播放磁带。如果现代人类从未存在，今天的地球看起来会是什么样子？

从某些方面看来，答案显而易见：地球会与 12.5 万年前非常相像。"地球上会有一个连续的生物圈——一个我们几乎想象不出来的生物圈。也就是说，森林、草原等会在整个地球上连绵不断，”英国莱斯特大学地质学家詹·扎拉斯维奇说，“没有道路，没有农田，没有城镇，这些东西通通没有。陆地上遍布着大型动物，海里充满了鲸和鱼。”

但是这种景象不会长久地保持，如果人类在12.5万年前灭绝，今天的地球将会进入另一次冰河时代。冰川会生长、前进。

“如果你抹掉人类的影响，海冰会明显增多，北极圈附近也会广泛分布着更多的冻土带，”美国弗吉尼亚大学气候学家比尔·鲁迪曼说，“北方针叶林会退缩，最显著的是，不少北部地区的冰盖会增长——落基山脉北部、加拿大群岛地带、西伯利亚北部。这是一次冰河时代的极早期阶段。这才是最显著的改变。”

也可能不会。说不定没有我们之后，当时生存的另外某种人科动物——尼安德特人、直立人，或者其他还没有被确认的物种——会飞黄腾达，开始代替我们改变世界。大概如今这副模样的地球，以及我们在其中所处的位置，终归是不可避免的。

假如人类从地球上突然消失

以上是假设地球上没有出现过人类的情形。现在，让我们再想想，如果人类突然从现在的地球上消失，世界将会变成什么样？

美国亚利桑那州立大学的阿兰·魏斯曼教授以科学家的眼光，向我们展示了一个人类突然灭亡后的世界：

人类消失后2~10天：首先出现变化的将是那些需要不断回抽地下水的设施。分布在各大城市中的地铁线路中，将开始出现因暴雨带来的积水。类似的现象还会出现在许多矿井之中。在此期间，位于地面的热电厂将会首先停止运转，而失去来自这些电厂的电力供应，会导致水电站和核电站的工作负荷不断增加，最终会诱发核电站发生类似苏联切尔诺贝利那样的核灾难。失去电力的城市将会在夜间变得漆黑一片。宇航员们以前在太空中看到的地面上的璀璨的夜景将不复存在。

人类消失后 1 年：地下水将开始淹没地势较低的地区，像荷兰这样地势低的国家将变为沼泽和湖泊。而荒废的田野也将重新被野草占据，分布在城市中的柏油路面也会受到草木的不断破坏。至于被废弃的房屋，它们将会被霉菌和苔藓覆盖。由于工厂不再运转，空气将会重新变得清新起来。

人类消失后 5 年：原先的田野上将会长满年轻的灌木，而街道和公路上则会布满裂缝——其中当然会充斥着绿草。而雨雪带来的降水将会形成一片片的水洼。一些城市可能会被火灾所产生的烟雾笼罩。

人类消失后 20 年：此时的市中心更像原先的街心花园。昔日繁华的曼哈顿将会重新变为沼泽和湖泊，而遭到地下水严重侵袭的伦敦会被原先用来装点城市的植物覆盖。与此同时，植物重新繁盛的城市会被野生动物占据。其中不但包括狼、野猪和鹿，还包括重新“野化”的牛、猫和马。

人类消失后 100 年：原先连接各地的道路将不复存在——残存的沥青和水泥将会被沙土和落叶覆盖。曾经的田野将演变为森林。各种水泥混凝土建筑也将遭到风雨和植被的严重侵蚀。而曾经是巴黎标志性建筑的埃菲尔铁塔，也将被严重的锈蚀摧毁。当然，所有的桥梁也会遭受同样的命运。

人类消失后 500 年：在那些处于温带气候条件下的城市中，只能看到茂密的森林。曾经辉煌的摩天大楼和高大的教堂将只剩下一片片的残骸，而埃及的金字塔和狮身人面像将依旧矗立在荒凉的沙漠之中。与此同时，野生动物的数量会显著增长，大象、老虎、羚羊以及海洋动物将会重新繁盛起来。

人类消失后 1.5~2 万年：此时，地球的气候将会发生剧烈的变化。新的冰川期将会来临，巨大的冰川会缓慢地摧毁掉残存的混凝土建筑。而在热带雨林和沙漠之中，原先的文明遗迹将会荡然无存。

人类消失后 100 万年：如果这时有新的人类出现，那么，他们将只能找到一些青铜雕像的残骸、不锈钢器具和大量的塑料垃圾。当然，要找到这些遗存之物，新出现的人类必须进行广泛的挖掘或者潜入到海底。除此之外，现在人类留下的其他物品都将消失得无影无踪。

·摘自《读者》（校园版）2015 年第 16 期·

奇妙的低温世界

升　龙

在超低温世界，橡皮会失去弹性，能像铜锣那样敲起来“当当”作响；猪肉会发出灼灼的黄光；韧性本来很好的钢，变得像陶瓷一样脆；当温度降到 -190℃，空气将变成浅蓝色液体；在绝对零度附近，氧气会像白色的沙砾，而氢气会像钢铁一样坚硬。

冷冻的速度

炎热的夏天，待在有冷气的房间里是一件非常惬意的事。但在现实生活中，我们对“冷”的了解并不多，对如何利用“冷”也知之甚少。例如，早上起床准备吃早餐。我们面前有一杯刚煮好的热咖啡和一杯凉牛奶，为了让咖啡尽快凉下来，应该怎么办？是等上 5 分钟将牛奶加到咖啡中，还是将牛奶加到咖啡中再等 5 分钟呢？或许你会说："这难道有区别吗？这两种做法看起来并没有什么不同。"但事实上，第一种方法确实能让咖啡更快地凉下来。这种现象是牛顿发现的，他说："物体的温度与周围环境的温差越大，冷却的速度就越快。"因此，如果先加入牛奶，就会降低咖啡与周围空气的温差，这反而会减慢咖啡冷却的速度。

寒冷是否有尽头

在中国的北方地区，最低气温在 –20℃以下。在地球的两极则更加寒冷，尤其是南极，有记录的最低气温为 –89.8℃，因此南极又被称为"世界寒极"。在月球背着太阳的阴面，温度竟然低到 –183℃。在太阳系里，离太阳最远的冥王星，接受的太阳光实在是太少了，据估测，它的表面温度可低至 –240℃。科学家们根据大量的实验推测，在宇宙的深处温度则更低，在 –270℃左右。

寒冷是否有尽头？科学家们的回答是肯定的。可温度低到多少度才是尽头呢？这就是绝对零度，即 –273.15℃。英国一位物理学家对此做出了科学的解释：物体的温度越低，物体内大量分子做无规则热运动的速度就越小。当温度低到 –273.15℃时，分子的热运动速度将为 0，由于不可能有比静止更慢的运动，所以绝对零度是理论上的数值，也是自然界中物体的最低温度，它就是低温的尽头。

智利天文学家发现了宇宙最冷之地：回力棒星云。这里的温度约为 –272℃，是已知的最接近绝对零度的地方。

神奇的低温技术

在超低温条件下，许多金属的性质发生了脱胎换骨的变化。韧性本来很好的钢，变得像陶瓷那样脆，敲一下，就会粉身碎骨。至于锡，用不着碰，它就已经变成一堆粉末了，这种现象被称为“金属的冷脆现象”，其危害性很大，但也可造福人类。比如，当战场上布满了地雷时，虽然用探雷器可以找到它，但是排雷是很危险的工作。若将液态空气撒到这些地方，就会使这些地方的温度急剧下降，地雷中的弹簧就会变脆失去弹性，地雷因而就不会爆炸了。

低温技术在食品工业、中草药加工、涂料制造业等方面大有用途。

比如，清除海上石油污染是一大技术难题，人们现在设计出了低温清污法，在漂浮的石油层下喷洒液态氮，水面上的石油便会迅速凝结成颗粒，再将这些颗粒铲走，就能有效地保护海洋环境。

“低温魔术师”还使生命冷藏成为可能，金鱼冻僵又复活的实验，极其生动地说明了这一点。目前，科学家们正在加紧探索其中的奥秘，以便寻找一种可以延长人类寿命的新途径。

低温现象光怪陆离

低温就如同一位神奇的魔术师，可使物质的许多性质发生很大的变化，出现一些令人意想不到的奇特现象，给人以魔幻般的感觉。温度越低，其魔力越大，魔法越神奇。

在超低温世界，橡皮会失去弹性，能像铜锣那样敲起来“当当”作响；猪肉会发出灼灼的黄光；蜡烛则会发出奇异的、浅绿色的光。

当温度降到 -190℃时，透明的空气会变成浅蓝色的液体，这已属于超低温世界。此时，如果把一枚鸡蛋放进去，它便会发出浅蓝色的荧光，像一枚荧光蛋。若把这枚鸡蛋摔在地上，它还具有极强的弹性，会像皮球一样立即弹起来。倘若把鲜艳的花朵放进液态空气里，它便会失去原有的纤柔姿态，变得像玻璃一样亮光闪闪，非常脆，轻轻一敲还会发出“叮叮当当”的响声，重敲则会破碎。从鱼缸里捞出一条美丽的活金鱼，将其头朝下放入浅蓝色的液态空气中，不一会儿金鱼就变得晶莹剔透，漂亮至极；捞出来则是硬邦邦的，仿佛是由水晶玻璃制成的精美的工艺品。再将这只“玻璃金鱼”放回鱼缸里，过一段时间，金鱼竟然复活了。如果把水银温度计插进液态空气里，水银柱立即会被冻得像钢铁一样坚硬，可以像钉子一样钉进木板里面去。

是不是很神奇、很不可思议呢？

在绝对零度附近，氧气会像白色的沙砾，氢气会像钢铁一样坚硬，各种气体都被冻成了固体。不过唯有氦气特殊，它还是流动的液体。当温度下降到 -268.95℃时，氦气才会变成很轻的透明液体；当温度下降到 -270.98℃时，液态的氦开始出现绝无仅有的奇妙现象——超流动性，它竟然会变成一种能爬善攀的液体。这时的液态氦显得毫无黏滞阻力，可以经过很细的管子从容器中流出，而且不受重力的牵制，以每秒 0.3 米的速度，从杯子内侧顺着杯壁迅速地向上爬，瞬间越过杯口，再沿着杯子的外壁爬下来。

铅铃在常温下摇起来就像一个闷葫芦，但在液态空气里浸过后，响声清脆美妙，犹如银铃一般悦耳动听。平常软而韧的铝丝在 -100℃以下，简直就像钢丝弹簧一样坚硬且富有弹性。

·摘自《读者》（校园版）2015 年第 21 期·

你不知道的“生物黑客”

楚云汐

谈到“黑客”，也许大家脑海里浮现的是计算机黑客。其实，另一种黑客也挺火，它的全名叫作“生物黑客”。

潜力无穷的“生物黑客”

“生物黑客”又被称为“自己动手生物学家”“车库生物学家”等，这是一类喜爱生物科学的民间团体，团体成员主要通过书籍或者网络来获取生物学知识，并通过网络购买与生物学有关的实验室设备，在家里的车库或者客厅内完成一些生物实验，比如提取菠萝基因、改造大肠杆菌的基因等。加入“生物黑客”团体很容易，只要你家里能腾出足够大的空地方，然后再摆上生物仪器，开始做生物实验，那么你就是其中一员了。

不过，虽然与计算机黑客一样，都是“黑客”，但是“生物黑客”的宗旨并不是制造麻烦，而是为了对生物科学进行探索。生物工程成本的日益下降和大众对生物学自发的喜爱之情，催生了这类特殊的黑客团体。

2001 年，读取 100 万个 DNA 碱基对的费用大约为 10 万美元，如今只需几毛钱。向一家生物技术公司订购水母的 DNA 需付几百块钱，而廉价的二手生物设备只要数千块就能搞定。如果一个人自学生物科学的能力足够强，那么，他或者她甚至能自己做一个工本费连 150 元都不到的 DNA 分析仪。美国麻省理工学院的一位生物工程专业的毕业生，花 3000 多美元采购了所需用的实验用品和设备。现在，这名毕业生把网购来的设备安放在卧室的壁橱里，组建了一个“迷你实验室”。

这意味着生物技术的发展空间不再局限于专业人士的实验室，今后，最牛的生物技术很有可能像科幻大片中描述的那样，就诞生在邻居家的车库里。

20 世纪 70 年代，苹果计算机已经由乔布斯和同伴在车库里共同完成，拉里·佩奇和谢尔盖·布林的谷歌公司也诞生于朋友家的车库里。未来，车库中一定会走出更传奇的生物牛人，“车库传奇”将在生物界继续它的旅程。

生物技术的新“车库传奇”

美国有许多生物学的网络开放平台。在平台上，基因专家和爱好者可以亲密交流，分享彼此的心得和成就。只要对生物学有想法，并愿意自学，任何人都可以利用平台上的资源，如同盖一幢“生物大楼”，专业的生物人士是造“生物砖”的人，那些“生物黑客”是完成生物工程的设计组装人员，他们分散在全世界的各个角落。当然，有的精英可能既是造“生物砖”的人，又是用“生物砖”去盖楼的人，比如克雷格·文特尔。美国人文特尔是首个对某种细菌基因组进行排序的专业人士。他成立了一家私人公司，雇了一群人，与政府出资支持的人类基因工程研究展开了竞争。文特尔算是最高级别的“生物黑客”了吧。

目前，“生物黑客”已经有了不小的成就。

31岁的美国计算机工程师梅瑞蒂丝·帕特森，在自家的餐厅里成功改良了优格菌——酸奶里的一类菌种。这种经过改良的优格菌，遇到三聚氰胺——毒奶粉中的有害物质就会泛绿光，发出警示。

3名德国科普作家在办公室里开辟了一块“生物试验田”。他们在网上购买了分离DNA的离心分离机、能照亮DNA碎片的灯箱、能给微量物质称重的仪器和一些消毒仪器等，然后，他们从海鲜店买来生鱼片作为研究材料。经过几个月的努力，他们提取了生鱼片中一种名为COX1的基因。之后，他们又成功地发现了一种对运动有益的特殊基因。

最牛的是一家农业生物技术公司，它是从一个地下室发展起来的，后来逐步走上正轨。这家公司转手的时候，卖出了几个亿的价钱。

美国马萨诸塞州的一个由几名“生物黑客”组成的小团体，还建立了一个对外开放的生物实验室，实验室的化学品和实验设备都可以免费使用，比如，实验室有一套低温冷冻设备——要使温度下降到能对细菌“动手脚”的程度，低温条件是必不可少的。虽然是“民办”的，但这个实验室看起来非常有“专业味道”。它之所以如此专业，是因为有几名创办人本来就是学生物的。

尽管现在加入“生物黑客”团体的人在逐渐增多，但仍然没形成“全球气候”。未来，随着生物技术成本越来越低，相信会有更多的人愿意尝试“家庭式基因工程”。

“赶潮流”的风险难以预测

做一名“生物黑客”可能是当今人们最潮的想法，但最潮的想法一般都具有很高的风险：太时尚，不容易被世人接受；不成熟，容易出纰漏。

有人说，世界上最具破坏力的是DNA，有点儿道理。2009年，H1N1甲型流感爆发5天后，这种病毒的基因只不过换了几个位置，就让整个墨西哥陷入了困境：60多人死于该流感，上千人感染了H1N1甲型流感。

所以，一些人担心，如果生物技术变得特别开放，开放到在任何地方都有其身影，那么，“生物黑客”可能会闹出非常大的乱子，比如弄出一个变种的“超级病毒”，让各种抗病毒药物统统失效。所以，有一批人很反感“生物黑客”的存在。

支持生物技术“车库化”的那些人则称，生物技术很重要，决不能被少数人垄断。他们的观点是，官僚主义让最新生物技术的推广过程变得十分繁琐，这会延长解决问题的时间，不利于问题的解决。与此同时，那些权力欲望特别强烈的官僚主义者，很可能也会因为利益驱动放弃一些有效解决问题的新技术。

实际上，“生物黑客”所具备的危险性是生物技术本身的特点造成的，像所有强大的技术一样，生物技术也是一把双刃剑。解决这个问题的关键，是看将生物技术交给更多的人（即生物技术“平民化”）之后，得到的更多还是失去的更多。虽然政府和大学里的科研机构出了许多成果，但是“生物黑客”的成果也不少。

“生物黑客”多了究竟是好还是坏，也许很快，我们就能找到这个问题的答案。

·摘自《读者》（校园版）2015年第23期·

算筹：一场别开生面的数学竞赛

填下乌贼

如果问："金庸小说中谁是'数学达人'？"想必很多人会不假思索地回答"神算子"瑛姑，她因为扎实的数学功底，所以获得了和梁山好汉蒋敬一模一样的外号，令人印象深刻。

中国数学（或者说"算术"）历史非常悠久，远远超出一般人的想象。早在原始社会末期，随着私有制和物物交换方式的产生，原始算术开始萌芽，距今6000多年前的仰韶文化、半坡文化遗址中，就已经出现了数字符号和几何图形。

夏商时期，中国出现了世界上最早的十进制计数法，这是一个了不起的发明，一直影响至今。十进制或许是因为双手共有十指的原因，但当统计数字超过十，手指不够用了，古人就有必要借助于其他的计数工具。故而，从西周开始，算筹这种计数工具就出现了。在小说《射雕英雄传》里，这也是瑛姑的武器——用来点穴。

算筹又称为算、筹、策、算子等，是一种由竹、木、骨、铁等材质制造的扁平薄片，在算盘发明之前，它统治了中国近两千年的计算岁月。小说中，郭靖和黄蓉第一次看到瑛姑时，她正趴在地上摆算筹，计算55 225的平方根。

小说中写道："那些算子排成商、实、法、借算四行。"这些专有名词，在北宋贾宪的增乘开方法（求高次幂的正根法）和南宋秦九韶的正负开方术（高效次方程数值求解法）里，都曾出现。

黄蓉轻易地口算出55 225的平方根是235、34 012 224的立方根是324，数学水平可比瑛姑高多了，估计比同时代的秦九韶还要强上几分。瑛姑不服气，用"天元之术"向黄蓉发起挑战。

天元术是宋元时期发展起来的设未知数列方程的方法，南宋李冶在《敬斋古今黈》中记载了天元术早期发展的一些情况：早先东平有一种关于建立方程的方法算经，以仙、明、霄、汉、垒、层、高、上、天、人、地、下、低、减、落、逝、泉、暗、鬼等19个汉字表示未知数的各次幂，正幂在上，负幂在下，以"人"作为常数项。《射雕英雄传》忠实地还原了这个典故。

瑛姑出的题目是"四元术"，出现了天元、地元、人元、物元等专有名词。其实这些名词来自元代数学家朱世杰的《四元玉鉴》，所谓"四元术"就是今日的多元高次方程列式与消元解法，虽然也很奇妙，但离9次方的"仙"、负9次方的"鬼"还差得很远，所以根本不会给黄蓉造成什么麻烦。

恼羞成怒的瑛姑竟然用九宫图来刁难黄蓉——九宫图是中国最早的纵横图，亦称幻方，据说是从黄帝和大禹时期的河图洛书里发现的。西汉末期的《周易·乾凿度》记载："故太一取其数，以行九宫，四正四维皆合于十五。"换句话说，1~9这9个数字放在九宫格里，不论横竖斜排列，数字相加都是15。

这道题目非常简单，我在小学三年级的暑假作业里就遇到过，也经常在各种奥数班的习题里见到。但是，瑛姑竟然不知道！

黄蓉背出了九宫格的口诀（也就是答案）："九宫之义，法以灵龟，二四为肩，六八为足，左三右七，戴九履一，五居中央。"这个口诀的出处是北朝甄鸾的《数术记遗注》，该书描述说："九宫者，二四为肩，六八为足，左三右七，戴九履一，五居中央。"一口气解开了这个三阶纵横图的小秘密。

瑛姑面如死灰，黄蓉适时"补刀"，又列出了四四图、五五图、百子图，这些都是纵横图。黄蓉口述了四四图的口诀："以十六字依次作四行排列，先以外四角对换，一换十六，四换十三，后以内四角对换，六换十一，七换十。这般横直上下斜角相加，皆是三十四。"这段文字一字不差地记载在南宋杨辉的《续古摘奇算法》之"易换术"中，这是解开四阶纵横图的不二法门。

虽然纵横图早在《周易》时代就已问世，但杨辉是世界上最早对幻方进行系统研究的数学家。他把纵横图从单一的方形扩展到圆形、梅花形、雪花形、九宫八卦形乃至连环形，杨辉的奇异形纵横图因其多样性和对称性，创造了纵横图研究的一个巅峰。《中国科学技术史》的作者李约瑟对此深表钦佩。

在小说中，黄蓉又显摆了九宫八卦图的奥秘，说："那九宫每宫又可化为一个八卦，八九七十二数，以从一至七十二之数，环绕九宫成圈，每圈八字，交界之处又有四圈，一共一十三圈，每圈数字相加，均为二百九十二。"

金庸小说中的"九宫八卦图"就是杨辉创造的"连环图"，由9个小圈三三组合，一共构成 13 个小圈，每个小圈上的数字相加总值衡为 292。

为了反击瑛姑，黄蓉也布下了三道难题，分别是：包括日、月、水、火、木、金、土、罗睺、计都的“七曜九执天竺笔算”，“立方招兵支银给米题”和“鬼谷算题”。有热心的读者表示，前面两道题分别讲的是不定积分和等差数列，而最后一题据我考证，出自东晋末期的《孙子算经》，答案是 23。

这么看来，瑛姑的算术水平确实不如黄蓉，比之黄药师更是天差地别，她要破解桃花岛的迷宫救出老顽童，难度确实不小。

中国古代数学是世界科技、文化宝库中一颗璀璨的明珠，在四大文明古国的数学史上，中国数学持续繁荣的时间最长，所取得的成绩也最为光彩夺目。中国古代数学先后历经了两汉、魏晋南北朝和宋元三个发展高峰，并在明清之交与西方数学展开了积极的交流与合作。

作为基础学科，中国数学在古代还是颇受重视的：《伏羲女娲图》上，伏羲手持矩、女娲手持规，代表“天圆地方”；周代的贵族教育体系，称之为“六艺”，指的是礼、乐、射、御、书、数，其中的“数”就是算数（算术、数学）；《周髀算经》和《九章算术》开创了中国数学的先河；隋唐两宋，都有专门的国家算术研究机构，还有专门针对算术的科举考试项目……然而，明清以后，随着八股文垄断科举，中国数学走向了没落。反观西方，欧洲逐步迈进资本主义社会，近代数学受生产力的刺激快速发展。这一进一退之间，中国和西方国家数学水平的差距越拉越大。

金庸小说中，“数学”元素并不多见，无非瑛姑的算筹、黄蓉的试题、黄真的算盘。黄真是明末清初人物，彼时算盘已经彻底取代了算筹，被应用于中国人的日常生活中，但黄真的算术水平可能非常一般，他手上的那把算盘是兵器而不是计算器，说起来也是相当可惜的。

· 摘自《读者》（校园版）2015 年第 24 期 ·

人类语言或由气候、地形塑造

赵熙熙

为什么夏威夷语中流淌着从元音到元音的旋律，而格鲁吉亚语却被各种各样的辅音所填满？国外的一项新研究认为，这可能与这些语言所处的气候及地形有重要关系。

之前的研究表明，其他一些物种的叫声是由它们所处的环境塑造的。例如，像北美歌雀这样的鸟类，在城市中会以更高的音调鸣叫，而较低频率的音符则会被城市的噪音所淹没。而与生活在开放空间的鸟类相比，栖息在森林地区的鸟类会以比较低的频率鸣叫，表明不同的物种和种群可能会优化它们的声音，以穿过树枝和其他障碍，而这些障碍会使高频声音转向。

加利福尼亚大学伯克利分校的语言学家伊恩·麦迪森与法国国家科

学研究中心语言动力学实验室的同事克里斯托弗·库佩，对来自全世界633种语言的数据进行了梳理，研究人员还同时考虑了这些语言所处地区的生态与气候信息，他们还排除了一些国际性的语言，例如英语、中国普通话和西班牙语，这是因为它们的流通已经不再局限于其所出现的地理区域。

研究人员发现，一种微妙却清晰的模式随即出现：在那些相对更热、有更多森林的地区（例如热带），语言趋于洪亮、采用较低频率的声音且较少使用不同的辅音；而在寒冷、干燥、多山的地区，语言则往往以重辅音为主。

元音丰富的语言为何更频繁地出现在热带地区？一个可能的理由是，它们能够比由急速、高频辅音控制的语言传播得更远，后者在潮湿的森林环境中很容易失去其保真度。炎热与潮湿的环境能够中断声音，就像树木的枝条和叶片那样。

·摘自《读者》（校园版）2016年第2期·

足球里的科学门道

徐知乾

人们爱看足球比赛，是因为敌我双方的攻守太精彩了。不过，当你在看足球攻守“热闹”的同时，是否知道其中的一些科学门道呢?

“电梯球”为什么特别难招架

早些时候，让足球守门员头痛的是“香蕉球”。这种球看似抛物线球，踢向某一个方向，但实际上它不会沿着常规的抛物线路线走，而是会在下落的过程中发生偏转，让守门员难以判断和扑救。但近些年来，比“香蕉球”更让守门员头痛的则是“电梯球”。

这种球从被踢出就获得了强大的动能，所以一开始会高速沿直线前行，但由于空气气流的影响，这种球在飞行过程中会颤动——忽左忽右或忽上忽下，最后会以更大的坡度急坠，好像电梯一样急上急下，让守门员难以招架。因此，人们称之为“电梯球”。

著名球星 C · 罗纳尔多就擅长踢这种球。这种球最大的特点是起始速度非常快。分析显示，为了让球获得高速度，C · 罗纳尔多的秘诀是发球时一般把球的气门芯放在正对自己脚的正中偏下的位置，因为这是球最硬的点，所以，在这个点发球时，球获得的冲击力比在其他点发球时要大很多。

那么，“电梯球”为什么会出现急坠现象呢？美国研究人员认为，这是“冯 · 卡门旋涡”造成的。这种旋涡是流体力学中的一种重要现象：在一定条件下稳定的某种流体——如空气，绕过某些物体时，物体两侧会周期性地出现旋转方向相反、排列规则的双列旋涡。后来人们用它的发现者科学家冯 · 卡门的名字，命名了这种现象。这种现象在自然界常会遇到，如水流过桥墩，风吹过高塔、烟囱、电线等的时候都会形成。

对于高速运动的足球来说，当出现这种旋涡时，旋涡会对足球产生一个周期性的交替变化的横向作用力，对足球左推右搡——这才使球出现了颤动；当这种作用力的频率与足球的颤动频率接近时，就会引起共振，加上地球引力的作用，就会让足球急速向下——这才出现了急坠现象，“电梯球”便由此产生。

款式能影响足球的物理性能

改变足球的款式，真能影响足球的物理性能吗？没错！因为足球的表皮材质、缝线真的会对足球的运动轨迹造成影响。实验数据表明，与光滑的球体比较，表面相对粗糙的足球在低速时受到的阻力更小，高速时受到的阻力更大。因为在到达临界速度之上时，粗糙的足球表面边界层会产生“冯·卡门旋涡”，让足球发生颤动，反而会减慢足球的运行速度。

· 摘自《读者》（校园版）2016 年第 2 期 ·

为啥客机大多是白色的

润　语

更多色彩 = 更多耗油

对一架飞机进行彩色喷漆的费用在 5 万 ~20 万美元。同时，整个喷涂工作需要耗费 2~3 周的时间,这段时期也会影响收入。以波音 747 为例，装饰波音 747 整机需要至少 250 千克涂料，而整机抛光的喷漆重量只需要 25 千克。以英国易捷航空公司为例，仅使用更为轻薄的空气动力机身涂料就为公司节省了整整 2% 的运营成本。航空公司一年的燃料费用约为 12 亿美元，那么 2% 意味着节省了约 2240 万美元。

彩色飞机转售价格低

由于机身颜色不是白色，意味着买家需要重新喷漆，这会导致机身更重，所以，使用白色以外的机身颜色会对飞机的转售价格造成负面影响。

通常选择购买而不是租赁飞机的航空公司，会使用长期贷款来支付飞机的费用。在市场竞争如此激烈的当下，这可谓一笔巨额投资了。所以，当公司的运营状况变差时，他们可能想要转卖或自行出租他们的飞机。

白色有显著的控温优势

白色能够反射光的所有波段，所以，光能不会被转换为热能，而其他颜色会吸收光的多个波段并将其转换成热能，这会导致物体变热。

在大多数情况下，白色保持机身温度低只能算其中一个优点。但对于“塑料”飞机（使用复合材料制造的飞机）而言，一些机体要求在表层必须使用白色，以保证材料内的某些元素在极限条件内保持稳定。早期“钻石飞机”公司设计的飞机，有一个室外温度不得高于38℃的限制条件，在高于这个温度时，这些飞机的主翼结构坚固性就会有变化。

而对于协和式飞机而言，它必须使用一种特殊的、高反射的白色涂料，以减轻飞机在速度超过2马赫时由摩擦所引起的极端热效应。

这可能是白色成为飞机标准色的原因。

白色不容易褪色

一架飞机在它整个飞行生涯中会进行数次喷漆，从性价比来看，每次喷漆的间隔时间当然越长越好。如果你并不担心油漆褪色或是你的飞机看起来年代久远，你可以延长喷漆的间隔时间。

所有的有色涂料暴露在太阳和空气中后，都会面临褪色的问题。尤其是当被暴晒在9000米的高空中时，相当数量的紫外线辐射加速了整个褪色过程。

白色在经历长年累月的风吹日晒之后仍能保持良好的外观，而深色褪色、老化得更快，飞机漆面剥落后的斑驳外观也十分可怕。

良好的能见度

另一个使用白色外壳的原因是可见度。这里的可见度并不是指飞机能在天空中被看见，而是指机身上的锈蚀、裂纹、机油泄漏等危险信号的可见度。白色是显示这些信号的最佳底色，所以从安全角度出发，白色是最方便操作维修的。

在坠机事件发生后，白色飞机可以很容易在水中或是地面上被发现。同时，在黑暗中，白色飞机也比较容易被发现。

· 摘自《读者》(校园版) 2016年第8期 ·

老鼠为什么没有完美的牙齿

【英】理查德·道金斯

有这么一个实验。为了测试“人工选育”的效力，科学家在实验室里培育“抗龋齿”老鼠。他们让牙口好的老鼠进行交配，在后代中择优继续交配。结果仅仅到第17代，老鼠保持无龋齿状态的天数就已从起初的100天，延长到了近500天。

龋齿会明显缩短老鼠的寿命。既然通过“人工选育”改善老鼠的牙齿这么容易，为什么当初“自然选择”会做得那么差劲？漫长的岁月竟然没能筛选出更坚固的牙！答案很简单——进化并不像看上去那么随心所欲，升级硬件需要相应的代价。

怎样才能提高动物的抗龋齿性？我们假设要靠增厚牙壁来实现，而这需要额外的钙。找到更多的钙不是不可能，但它必定通过有限的进食摄入，而且对身体别的方面也有潜在的益处。比如，骨骼中需要钙，肌肉中也需要。当其他因素都一样时，拥有一口好牙的老鼠，长寿的可能性大大高于一口烂牙的老鼠。但“其他因素”哪里会一样呢？好牙抢了骨骼里的钙，很可能“铁齿铜牙”的优势还没发挥出来，那老鼠就先一步死于骨质疏松了。

每个生物都有它的“内在经济体”。资源是珍贵的,出于“经济原因”，老鼠的牙齿不能好过一定程度，因为某一部分的完美，必然要以牺牲另一部分的方式获得。

在非洲大草原上,瞪羚每天凭着惊人的速度和敏捷的弯道逃脱术“豹”口逃生。我们看到某些瞪羚热衷于增加肌肉，提升速度，奔跑时不但能完美逃脱，还遥遥领先。

但是，在达尔文的赌桌上还有另一些瞪羚，它们牺牲一些奔跑速度，招致更大的被吃掉的风险，却在分配资源上取得了适当平衡——它们有余力生育更多的后代，供应更有营养的奶水，并把这种“懂得取舍”的基因传下去。这盘棋下到底，一时“跑得快”的反而会落败。

不只是有限的资源呼唤着平衡，作为一种“经济行为”，必须平衡的还有“风险”。

细长的腿跑得更快，但不可避免，也更容易骨折。人工选育的纯种马是高超的奔跑和跳跃者，但它们的腿异常脆弱。在比赛的狂热中摔断腿的赛马屡见不鲜，它们通常会被迅速处死。类似的问题也出现在纯种奶牛身上，它们可以大量产奶，但下垂的笨重乳房会让其无法应对追捕它的狮子……

赛马和奶牛有人庇护，且没法替自己选择，可野生的瞪羚不得不做精妙的权衡:腿不能细到易折，速度又不能慢到被吃掉。猎食者多的地方，更宜偏重速度，极端情况下骨折的风险也要冒；猎食者少的地方，更适合堆积脂肪繁衍生息。甚至在逃命时也无须真的跑赢豹子，只要跑赢同伴们，别成为队伍最末被吃掉的那只……没有一只活着的瞪羚真能“玩心眼”，但那些做出错误选择的，必然已连同它的基因一起被淘汰出局。

“人工选育”并非万能，大自然也并不笨拙。“选育”之所以“卓有成效”，是因为人工饲养让动物无须担心食物资源，而实验室和农场又把大部分自然风险统统关在了门外。仅此而已。

·摘自《读者》（校园版）2016 年第 10 期·

人类的优势或许在于良好的睡眠

陈煜炯

近日，美国杜克大学的研究人员在《进化人类学》杂志上刊登的文章分析了人类睡眠和认知功能进化的关系。该团队搜集了与灵长类动物睡眠相关的论文，从狒狒、狐猴、猩猩到人类，共 21 个物种被列入此次研究。

研究人员发现，某些灵长类动物，例如猕猴（豚尾猕猴）和狐猴（倭狐猴），每晚的睡眠时间长达 11~14 小时。相对于其他灵长类动物，人类远远称不上嗜睡。但人类的睡眠更为高效，浅度睡眠时间更少，深度睡眠时间更多，快速眼动期（人类会在这一阶段做梦）睡眠占人类睡眠时间的 25%。而其他的灵长类动物，例如狐猴和绿猴，这一阶段刚刚超过总睡眠时间的 5%。

另一项关于坦桑尼亚、纳米比亚和玻利维亚的狩猎、采集者睡眠的研究显示，当地人比生活在西方社会的人睡得更少……人类和其他灵长类动物睡眠间的差异不是一朝一夕形成的，更要归因于人造光线和电子设备。在这篇比较人类和其他灵长类动物的论文中，研究人员认为，人类在现代技术发明前就已经用更高的睡眠质量替代了睡眠长度。研究人员称，这项转变可能是因为原始人放弃栖居在树上，转而在陆地上繁衍造成的。当原始人落地之后，他们开始在火堆旁成群取暖入眠。捕食者的威胁和与敌对团队的冲突要求睡眠时间尽可能短，原始人类因此经历了一次自然选择，筛选出睡眠时间较短的个体。

更短的睡眠具有巨大的优势，人类因此具有更多的时间进行其他活动，例如学习新技能和新知识，进行集体生活。更深度的睡眠还能使学习到的技能得到巩固，锐化记忆，刺激大脑。归根结底，人类睡眠的进化推动了人类认知能力的进化。

·摘自《读者》(校园版）2016年第10期·

发呆时，你的大脑在做什么

润　语　宋德禄

想必大家都有过这样的体验，当你正在上一节照本宣科的枯燥课程，或是被迫聆听某位领导的长篇大论时，你的注意力很快就会从这些令人厌烦的内容中偏移出去，进入一种神游八表的状态——发呆。前不久，北京还举办了第二届国际发呆大赛。那么，你可知在我们发呆的时候，到底发生了什么？动物也会发呆吗？我们能否避免发呆呢？

中韩“呆神”共呆萌

2014 年，韩国首尔举行了“第一届国际发呆大赛”，参赛者不能睡、不能动、不能笑，甚至连心跳加速都会惨遭淘汰。不少参赛者精心打扮，以特色造型参赛。有人选择呆呆地望着天空，有人则躺下身子发呆。在比赛过程中，主办单位会派人骚扰参赛者，所以要胜出并不容易。据悉，在初赛中脱颖而出的参赛者，最终由市民投票选出唯一的赢家。结果一名年仅 9 岁的小学二年级女生夺得了“沉思者”奖杯。

2015 年 7 月 4 日，“第二届国际发呆大赛”在北京世贸天阶举行。据悉，此次发呆大赛通过网络征集了 80 名来自不同行业的发呆选手，他们中有外企公关、瑜伽老师，还有演员、工程师。在两个小时里，所有参赛选手不玩手机、不聊天、不听音乐，什么也不做，放空自己，享受发呆。

此次大赛仍然沿袭上届的比赛规则，不单单以“谁呆坐的时间长”为标准，而是以脉搏跳动的次数和现场观众的投票票数为评判标准，不仅让参赛选手享受发呆的轻松时刻，也让观众们参与到这项有意思的活动中。

最后，刚走出校园的“另类型男”辛时雨获得冠军，由上一届冠军——小姑娘金智明将“沉思者”奖杯传递至获奖者手中。辛时雨说，他平时的生活节奏就比较慢，他喜欢沉浸在自己的世界，还曾因为特别能发呆而被朋友拉去做素描模特。

但是一般人很难承受长时间的发呆，现代监狱当中最严酷的刑罚叫作“独囚”，也就是将人锁在一间狭小的牢房里面，其间不得与任何人交流，自然也不得从事任何娱乐活动。独囚的最长纪录保持者是一名叫作托马斯·希尔弗斯坦的囚犯，由于被认为过于危险，他从 1983 年就开始被独囚，直到今天他依然在持续刷新着自己所创造的纪录。

发呆现象其实很普遍

不知道大家在发呆的时候，有没有想过这个问题：发呆时，你的大脑在做什么呢？

也许你认为发呆的时候大脑是空白的，其实并非如此。实际上，发呆是一种注意力不集中的表现。发呆时，你的大脑并没有全心全意地关注目前的任务，而是进入了“神游”的状态，在他人看来，你就是“呆呆地坐在那里不动，什么都没有做”。虽然身体没有动，但你的大脑一刻也没有休息。

发呆现象其实很普遍，有研究证明，成年人每天大概有47%的时间都没有专注于眼前的工作。但让人吃惊的是，大脑在“神游”之后，人们都声称自己更不开心。科学家目前还不清楚确切的原因，他们推测，很大一部分原因在于发呆时，大脑通常会不自觉地想一些不开心的事，比如担心的事、焦虑的事、后悔的事。而且，即使大脑在“神游”时所想的是中性的或开心的事，在“神游”结束之后你也会感到不开心。这也许是因为“神游”耽误了你完成当下的任务，也许是因为曾经那些开心的事让你发现现在的境况不如当时好。

不光是人类，我们家里养的“喵星人”和“汪星人”也会发呆。事实上，人类到现在为止所仔细研究过的每一种哺乳动物都会发呆。不但如此，神经科学家的研究成果还显示，其他动物在发呆的时候，其大脑活动和人类发呆时高度相似。这或许表明发呆是一项极为古老的活动，没准远在恐龙时代，哺乳动物刚刚出现的时候，我们的那些鼻祖就已经开始发呆了。

可是，我们为什么要耗费时间去发呆呢？发呆让大脑消耗了很多能量却似乎得不到任何东西，但就是这么一件看似毫无意义的事情，却在数千万年的进化历程中，被如此顽固地保留了下来，这到底是为什么呢？而且，既然发呆不好，我们是不是应该尽量避免呢？

发呆时，大脑在进行“磁盘碎片整理”

很可惜，想不发呆是绝对不可能的。我们的大脑有一种状态叫默认模式网络，它专门在大脑休息时开启，在大脑执行任务时关闭。大脑中有很多网络在同步活动，默认模式网络是大脑的总指挥，它在确保大脑中相互竞争的子系统同步活动的同时，还能保证它们互不干扰。因此，当你在发呆时，其实就是默认模式网络启动了。这是人脑与生俱来的功能，是不可能人为避免的。

神经科学家发现，大脑放空时的功能和记忆密切相关，大脑中负责记忆的海马体可能正在为我们提供日常的种种记忆片段，并让我们产生看似无意义的“白日梦”，再由默认模式网络对这些记忆片段进行整合，以便为我们未来的行为提供参考。最近，科学家利用核磁共振成像技术证实了这一点：当人们做“白日梦”时，默认模式网络也活跃了起来。也就是说，发呆也可能具有重要的意义，也许当你发呆时，大脑正在进行“磁盘碎片整理”呢！

发呆是人类重要的想象之源，它赋予了大脑足够的资源，去把那些碎片化的记忆以各种匪夷所思的模式组装起来，进而激发无穷无尽的灵感，于是，我们才有了那么多流传千古的文学和艺术杰作。

考古研究发现，在2000多年前的庞贝古城里，人们就已经视发呆为生活的一部分了，也许从某种角度来看，发呆自古以来就推动着人类文明的前进。

在今天这个快节奏的时代，或许大家真的应该像“国际发呆大赛”发起人所号召的那样：停下来，让自己放空，整理一下大脑垃圾，储备能量后再出发。

·摘自《读者》（校园版）2016年第11期·

考试为何用 2B 铅笔

侯　佳

“十年寒窗无人问，一朝成名天下知。”这是古人形容科举考试中状元的情景，现在用来形容如今的高考状元也不为过。都说考场如战场，一丁点儿都疏忽不得，考试前要仔细检查准考证是否带好，笔是不是好写，特别是不能忘了带 2B 铅笔。为什么必须是 2B 铅笔呢？用其他的铅笔可不可以？

大家都清楚，凡是用到答题卡的考试都不会是小考，考后的答题卡会被送去进行机器阅卷。那么阅卷的机器长什么样？如何阅卷？会误判吗？网上甚至流传着不少关于答题卡和阅卷机的传言，比方说：遇到吃不准的选择题时，就把 A、B、C、D 都涂上，机器会给你打满分；或是用铅笔把答题卡最右边那一排小黑框之间的间隙填满，就能破坏掉答题卡的定位点，机器会自动判你满分。尽管流言被传得很神奇，但终究没人胆敢一试。那么，机器阅卷真有这些漏洞吗？

“微机读卡”技术是20世纪80年代从英国引进的，这一技术为客观题的阅卷提供了一个非常实用、快速、有效的解决方案。机器阅卷的速度高达每秒3张，大大提高了阅卷的速度和准确率。现在的“微机读卡”技术主要是利用红外识别碳（石墨）技术，识别的指标包括铅笔中碳的浓度和涂黑区域面积的大小。

读卡机只对黑色敏感，而对答题卡上的红色和绿色无法识别。答题卡上原本印有的黑色条块用于帮助读卡机确认卡的方向与位置，铅笔在答题卡上填涂的黑块和印好的黑块共同组成了一幅只有黑与白的图像，其原理与二进制中的“0”和“1”近似。读卡机在扫描答题卡后，与预先存储的由答案生成的图像进行比较，相符的部分就得分，不符的就不得分。大型考试一般采用两遍读卡制，用读卡机阅卷两次，把两次成绩做比对，如果出现不一致的情况，就启动三评，即人工阅卷，从而保证了阅卷的准确度。如果定位的黑色条块被破坏，读卡机就会停止工作，直至将错误的答题卡剔除，遇到这种情况，如果是考生刻意破坏，那么答题卡就会作废，当然也就没有成绩了。

铅笔的笔芯主要是用黏土和石墨按一定比例混合制成的。我们在市面上看到的铅笔上都标有“H”或“B”的字样，“H”即英文“hard”（硬）的词头，代表黏土，用以表示铅笔芯的硬度。“H”前面的数字越大（如6H），就表示铅笔芯越硬，即笔芯中与石墨混合的黏土比例越大。“B”即英文“black”（黑）的词头，代表石墨。石墨的含量越高，笔芯就越软。一般来说，铅笔的硬度分为20个等级，分别为9B~B、HB、F、H~9H。H~9H表示硬度，数字越大，硬度越强，颜色也越淡，此类铅笔适用于界面相对较硬或粗糙的物体，比如木工画线，野外绘图等。B~9B 表示软度，数字越大，软度越大，颜色越重，此类铅笔适合绘画、填涂。普通铅笔一般是 HB 级，表示软硬适中，适合一般情况下的书写。“F” 表示硬度在 HB 和 H 之间的铅笔。

考试时，考生很可能由于误涂要擦掉或更改答案，如果此时用的铅笔浓度太深，比如说 4B~6B，涂出来会是乌黑的一块儿，如果要修改答案就很难擦干净，再使劲擦的话，很有可能把答题卡擦破；另外，此类铅笔的石墨含量多，容易随纸张附着到其他考生的答题卡上面，可能会影响其他人的成绩。但如果此时用的铅笔浓度太低，比如说 H 级别的铅笔，涂出来的痕迹就会很淡，会造成读卡机识别困难，读卡机很可能就会把涂得比较淡的答案忽略。经过比较，2B 铅笔的浓度比较深，又可以轻易地用橡皮擦干净而不留明显的痕迹，所以，它成为目前各种标准化考试中统一规定使用的铅笔类型。

·摘自《读者》（校园版）2016 年第 14 期·

人类的乐感是天生的吗

袁　越

人为什么会喜欢音乐呢？这种喜欢是天生的还是后天培养的？为什么很多人一听到音乐就情不自禁地想跳舞，甚至有人还会感动得流泪？这些问题恐怕很多人都想过吧。但科学家一直无法给出令人满意的答案，原因就在于人脑是一个特别复杂又敏感的器官，研究起来非常困难。

麻省理工学院的两位神经生物学家决定接受挑战，通过严格的实验来回答上述问题。南希·康维舍尔博士和约什·麦克德莫特博士以前是研究视觉系统的，两人运用功能磁共振成像技术，成功地找出了人脑中负责识别特定图像的神经，证明人脑对某些极为常见的物体（比如人脸或者人身体的某些部位）进化出了模块化的处理方式，这样就可以加快反应速度，不用每次都重新分析了。

声音和图像一样，都是先转化为信号再输入人脑的。既然人脸可以识别出特定的图像组合，并迅速交给专门的神经进行处理，对音乐应该也可以的。为了证明这个假说，两位科学家录制了各种各样的声音，将它们放到网上让公众投票，最终选择了 165 种最典型、最易辨识的声音片段作为实验对象。之后，研究人员找来 10 名志愿者（非音乐家），一边给他们播放 165 种音乐片段，一边通过 fMRI 扫描他们的大脑，看看究竟有哪些神经被激活了。

计算发现,人脑对耳朵接收到的声音信号大致有 6 种不同的反应模式，其中 4 种模式对应声音的一般物理特性，比如音高和频率等。第 5 种模式和语言有关，说明人脑已经进化出了专门的模块，用来处理语言信号。第 6 种模块是专门用来处理音乐的。数据分析表明，无论是口哨声还是流行歌曲，抑或是说唱音乐片段，几乎所有带有音乐性质的声音都可以激活这个神经回路，而其对歌剧中的咏叹调尤为敏感。

这项研究还发现，语言模块和音乐模块之间几乎没有交集，只是在播放带有歌词的音乐时有一点交叉反应，说明大脑把音乐和语言看成了两种完全不同的信号。不少考古证据表明，人类先进化出了音乐，才有了语音。换句话说，人类的语言很可能就来自音乐。如果这个结论最终被证明是正确的，那就说明人类的乐感是天生的，我们对音乐的喜爱和后天的教育无关，完全是一种被刻印在基因里的本能，就像吃饭、睡觉一样。

与之印证的，还有《听音乐的大脑》一书的作者丹尼尔·列维廷博士，他曾经对 8 个国家的 3 万名普通人进行过调查，发现如果一个人的家里经常播放音乐，那么家庭成员聚在一起的时间每周会增加 3 小时，聚餐的时间也增加了 15%。音乐确实会在某个极为隐秘的地方触动一个人的内心，改变人类的行为模式。

· 摘自《读者》（校园版）2016 年第 14 期 ·

元素周期表，这下就填满了

馒头老妖

2015 年 12 月 30 日，国际纯粹与应用化学联合会发布了一个大新闻：2016 年将对第 113 号、115 号、117 号和 118 号元素正式予以命名。很多媒体都惊呼："化学元素周期表要被填满了！"

那么，这几个元素到底是何方神祇，对它们的发现又有什么意义呢？元素周期表真的彻底完成了吗？

这事儿，还得从门捷列夫老先生说起。

"纸牌游戏"里的大名堂

对于化学元素周期表，各位一定非常熟悉。门捷列夫的贡献，就在于他看到了纷繁现象背后的本质，把自然界中存在的各种元素，按照其原子量（一个原子核中质子和中子的数目之和），以从上到下、从左到右的顺序排列成了一个序列。

有了这个序列，人类对各种化学元素的研究，就能够有的放矢了：我们可以预测某个未知元素的性质，甚至可以去“制造”某种元素！

因为，既然元素的性质仅由其原子序数决定，那么我们只要造出具有某个序数的原子，就能获得一种新的元素了。无论它在宇宙中是否存在，理论上，我们都可以通过一个简单的加减法将其合成出来。

比如，我们可以用一个硼原子（B，原子序数为5）作为炮弹，去轰击一个锎原子（Cf，原子序数为98），得到的新原子的序数就是：5+98=103。

当这个新元素真的被制造出来并获得证实之后，国际纯粹与应用化学联合会决定，用物理学家欧内斯特·劳伦斯的名字来给它命名。正是劳伦斯提出了这种“原子大炮”的构想，所以，新元素现在就叫铹（Lr）。

造一个新元素，就这么简单吗

“原子大炮”的理论，听起来相当令人振奋。这似乎就是在说，人类可以不断地找到新元素了。这话或许只说对了一半。

的确，在劳伦斯之后，各国的科学家都在按照这个理论，努力制造元素周期表中没有的新元素，一个个空白迅速被填补。这些元素通常被我们称为“人造元素”，因为它们在自然界中原本并不存在。当然，制造它们的装置，最常用的就是粒子加速器。

但是，经过高速发展的阶段后，制造新元素的步伐逐渐慢了下来。这主要是因为越重的元素（也就是原子里包含的质子、中子的总数越大），其原子核中质子的相互排斥作用就越强，从而使得它们越发不稳定，合成难度随之变大。

有多不稳定呢？比如，铹（260Lr）的半衰期只有3分钟，也就是说，一堆铹元素放在那儿，3分钟后就只剩下一半了，另一半已经分裂为其他元素。而原子（284Fl）的半衰期仅有4毫秒，其他人造元素的半衰期，甚至只能用微秒来衡量。

同时，要获得这些“沉重”的元素，所需要的“炮弹”和“靶子”（被轰击的元素）都必须是原子序数很大的原子；而要让它们以极高的速度碰撞，自然就需要更强的能量、更庞大的装置。换句话说，需要耗费越来越多的时间与资源。

即便你成功地合成了某个新元素，你还得证明你确实做到了。用大型电子对撞机，每次“开炮”能产生的新元素只有寥寥几个原子，而且还是稍纵即逝的，想要证实它们的存在并不容易。实际上，每一个新元素被首次制造出来之后，都要等待很长的时间，等到其他科学家再次制造出这个新元素，它才能获得国际纯粹与应用化学联合会的正式认可。

正因为如此，一开头我们提到的那4种元素，并不是一夜之间突然冒出来的。比如，115号元素，早在2003年就被俄罗斯科学家公开报道，117号元素，由俄美联合小组在2010年发现，今天，它们才被国际纯粹与应用化学联合会认可。

为啥还要这么做

既然费时费力，人类为什么还要执着于创造新的元素呢？

首先，这不是因为它们有什么独特的作用。从第100号元素（镄）之后的诸多人造元素，尽管人类付出了很多努力，但都还没有找到商业用途。即便真的能把它们用在什么地方，它们极昂贵的制造成本，绝对让大多数地球人望而却步。

但对于科学家而言，它们又是颇有意义的事情。它们让元素周期表的第 7 周期得以填满，但这绝非意味着元素周期表“已经完成”。聪明的读者可能已经想到，如果我们把这些新发现的元素当作靶子，用其他原子去轰击它们，岂不是又可以得到原子序数更大的新元素？理论上，我们没有理由否定这种可能性。更何况这个未知的世界，本身就有着极大的吸引力。

在创造这些新元素的过程中，需要克服的技术难题有很多很多，在这个攻坚的过程中也会催生新技术、新理论的诞生，为化学家、物理学家、工程师提供新的问题与思路。

更重要的是，元素周期表本身也可能因此得到修正和升华。

门捷列夫创造的元素周期表，至今依然是高度准确的，但它在未来是否依然坚不可摧？有些化学家认为，如果将元素周期表再往下拓展一个周期，也就是制造出“更重”的元素来，我们熟知的一些规则就可能不再适用。比如著名的马德隆常数，或许就要进行修正。如果真有那么一天，人类对化学的认知将会有一个质的飞跃，其意义不亚于元素周期表的发现。

为了到达遥远的彼岸，就必须先跨过第 7 周期这个门槛。此次国际纯粹与应用化学联合会认可了本文开头提到的 4 种新元素的发现，既是一个重大成绩，又是一个新的起点。

或许借用拇姬先生的一句话可以总结这种探索的价值：“3 亿年前，当第一条两栖鱼爬上岸边时，其他鱼可能也问过它：‘你爬上去又有什么用呢？’”

· 摘自《读者》（校园版）2016 年第 14 期 ·

假如地球不公转了

Aatish Bhatia

炎热的夏天又到了，看着火辣辣的太阳，不禁想抽点时间想象一下：在一个没有“年”这一概念的世界里——地球由于某些原因停止了公转——生命会是什么模样。如果地球的公转消失，地球便会径直落向太阳。这种“地球落体”的过程大约需要 64 天半，现在就让我们打开更大的脑洞，脑补一下地球撞向太阳时会是怎样的情况吧。

第 1 天，我们开始了跌向太阳的旅程。

第 6 天，经历了 6 天的坠落，地球的温度上升了约 0.8℃，你也许还不怎么觉得热，但是变化马上就要来了。

第 21 天，全球平均温度上升了约 10℃，达到了 35℃。地球正在经历极端剧烈的全球性热浪，农作物相继死去。

第35天，整个“奔日”路程已过了1/5。全球平均温度达到58℃，超过了有历史记载以来地球的最高温度，也就是在美国加州死亡谷测量到的56.7℃。要是没有空调的话，大多数人已经没法活了。此时，电力基础设施要么捉襟见肘，要么停止输出。森林火灾肆虐，不能打洞或设法逃避酷热的陆地动物正在走向灭绝。同样，因为温度较高的水所溶解的氧气减少，而氨气却增多，鱼类慢慢死亡，整个水生食物链会因此断裂、崩溃，昆虫也逃不过这场劫难。撒哈拉沙漠蚁倒还能茁壮生长，因为它们可以耐受70℃的高温。作为食腐动物，这种蚂蚁以其他因酷热死去的生物尸体为食——现在地球上到处都是它们的食物了。

第41天，我们现在已经穿过了金星轨道。全球平均温度达到了76℃，即使是撒哈拉沙漠蚁也无法存活了。只有庞贝蠕虫还在坚持着。这种神奇的生物能长到13厘米长，目前已知它能在80℃下存活。一般认为，庞贝蠕虫的耐热超能力来自它们背上的一层羊毛状细菌保护层，这层东西能够起到隔热作用。

第47天，在103℃的高温下，地球表面温度已经超过水的沸点。海洋沸腾了，水蒸气包裹了这颗行星。连超级耐热的庞贝蠕虫都熬不下去了。超嗜热生物（例如耐热细菌）还能在海洋深处因水压抑制水沸腾而存活（甚至良好地繁殖），耐火植物还撑着没有灭绝。身怀隐身绝技的水熊虫在接近50天的当口仍然活着，它甚至能在真空、极寒和太空强辐射环境中存活长达10天。到了这个地步，水熊虫可能才刚刚发现情况不太对劲，它们会减缓新陈代谢，蜷缩起来并自行脱水，以求自保。

第54天，永别了，亲爱的水熊虫，地球的温度已经超过160℃，连你们也会觉得太热了。

第57天，我们已经飞过水星轨道，成为离太阳最近的行星，离大结局还有一周。地球表面温度已超过 200℃。

第 64 天，地球终于来到了它生命的终点。由于地球运行速度在运动过程中累积到极大，近处太阳的引力也很强烈，以至于地球前端受到的拉力远远大于后端。这种引力差，或说潮汐力，把地球拉成了椭圆形，岩浆从地壳的裂痕中喷出。这天的初始温度是 800℃，“暖和”极了。天空中的太阳有平常的 14 倍大。正午时分，温度达到 2000℃，足以让岩石熔化，地表化成了岩浆。12 点半，我们马上就要走到头了，太阳大到填满了整个天空，地球已经越过一条有去无回的界限——洛希极限。在这里，太阳对地球造成的潮汐力大于地球对自身的约束。一旦越过洛希极限的半径，重力造成的潮汐效应就会把地球撕裂成岩浆和熔岩构成的小球体。

超过洛希极限，地球正式玩完。祝大家旅途愉快！

·摘自《读者》（校园版）2016 年第 15 期·

吃东西会改变皮肤的颜色吗

赵　奕

我们经常会听到这样的故事或报道，某些人在大量摄入某种食物或化学物质后，皮肤颜色出现了不同程度的改变。而这些故事中，最常出现的食物之一就是胡萝卜。

这些说法有什么道理吗？如果确实是这样的话，有没有其他的化学物质，会对我们的皮肤产生类似的效果？

答案是肯定的。

橙色的皮肤

一个广为流传的例子是，某人在吃了大量的胡萝卜后，皮肤会变成橙色或黄色。因为胡萝卜中含有一种被称为“胡萝卜素”的生物化学物质（或者色素）。

纯胡萝卜素的颜色是深橙色的，它溶于油而不溶于水。如果它被人体内的脂肪储存起来，就有可能把人的皮肤变成橙色或黄色。

如果你想通过吃胡萝卜来刻意改变自己的肤色，这确实是可以实现的，但效果并不理想，因为你的皮肤就像是患了黄疸症的人的皮肤一样，用科学术语来说，这是“胡萝卜素血症”或“皮橙色病”。

胡萝卜素血症是由于胡萝卜素在皮肤中的沉积造成的，所以，在血液流动较慢的地方，会首先出现皮肤变黄的状况，最常见的就是手掌和脚掌。随着胡萝卜素的逐渐增多，其他部位的皮肤也会逐渐变黄，最终有可能全身变黄。如果症状严重，胡萝卜素血症可能有致命的危险，但这种情况非常罕见，该症导致的最新病死案例出现在1972年。

胡萝卜素血症从发现到现在也有100多年的历史了。1907年，科学家在研究糖尿病时，就发现某些特殊食谱患者的皮肤会表现出橘黄色色素沉积。

在“一战”和“二战”期间，这种病比较常见，因为那时肉类食品短缺，食物以植物（包括大量的胡萝卜、木瓜等黄色或橘黄色蔬菜水果）为主，长期进食这类食物，就容易引发胡萝卜素血症。

其实不光我们熟知的胡萝卜、橘子等，只要是含胡萝卜素或者类胡萝卜素成分多的水果，都有可能会引发食用者患胡萝卜素血症。在西非，胡萝卜素血症是地方病，因为当地人经常食用富含类胡萝卜素的棕榈油。

西红柿含有大量的番茄红素，番茄红素是类胡萝卜素的惰性同分异构体，它的新陈代谢过程也类似于胡萝卜素，其色素沉着要比胡萝卜素血症颜色深，偏重于橘黄而非黄色。

蓝精灵出现了吗

2013年,美国62岁的男子保罗·卡拉逊因自己的肤色而名声大噪——他的皮肤是蓝色的。

其实，卡拉逊原本与一般人一样，拥有正常的肤色，但在十几年前，为了治疗脸上的炎症，他开始服用一种号称有杀菌及抗菌效果的“药物”，还将这种“药物”直接涂抹于脸部。这么多年下来，“药物”产生的副作用让他的肤色变为蓝色。

由于肤色变蓝，其长相又酷似《蓝精灵》里的蓝爸爸，卡拉逊因此获得了“蓝爸爸”的称号。

导致卡拉逊变成蓝精灵的“药物”叫作“胶体银”，也被称作“纳米银”，能释放出银离子。银是一种重金属，微量的银离子能够使细菌的酶蛋白失活变性，从而起到杀菌作用。现代医疗中，有防治新生儿眼炎的硝酸银滴眼液，有用于烧伤创面消毒的硝酸银软膏等含银药物。

由于胶体银中的纳米银粒子具有很大的表面积，只需要很少量的纳米银粒子，就能长期维持局部的低浓度银离子存在，因此，在衣物抗菌、器具表面抗菌方面，胶体银有显著的作用。美国一度兴起了使用胶体银的热潮，那时很多广告将它描述为“灵丹妙药”。

卡拉逊就是在这些广告的影响下，长期在脸部涂抹胶体银的。久而久之，他的脸部皮肤吸收大量银离子，在光化学作用下，银离子在皮肤中变为金属银颗粒和硫化银颗粒并沉积下来，从而使皮肤变蓝，这种现象被称为“银质沉着症”。

由于银的化学性质比较稳定，这些黑色小颗粒一旦沉积，就几乎不会消失。这虽不会严重损害人体健康,但卡拉逊再也找不回正常的肤色了。

因此，皮肤变蓝后，他就不再喜欢出门了。

其实，胶体银的医疗作用从来没有被科学证明，卡拉逊长期涂抹的胶体银虽然对人体无害，却也没什么用处。

谁变成了红色人

在另一个案例中，有一个人的肤色变成了红色，原因是他在一天内饮用了 8 升饮料，这种饮料叫作 Ruby-RedSquirt。因为这个人对溴极其敏感，而恰巧在 Ruby-RedSquirt 所使用的植物油中，就含有微量的溴。所以很不幸，他的皮肤变成鲜艳的红色，这种症状被称为“溴疹”。

还有一个类似但情况更严重的案例，有个人在喝了 2~4 升的饮料（含有溴化植物油，但属于正常含量）后，不但皮肤变成了红色，还出现了震颤、极度疲劳、记忆力丧失、头痛、肌肉的协调下降和右眼皮下垂等症状。

医生用了两个月的时间才找出病因。不过这个病人当时就已经丧失了走路的能力。而若要清除掉体内的溴，就必须进行血液透析。

·摘自《读者》（校园版）2016 年第 17 期·

漫长的谋杀：人类铅中毒简史

薄三郎

古罗马人用铅容器熬制葡萄酒

“常州学校化工污染”事件发生时，美国民众也在追问一起公共卫生事件——“弗林特铅水危机”。2014 年 4 月至 2015 年 10 月，美国密歇根州弗林特市的居民一直在喝“铅水”，这给当地居民特别是儿童的健康造成了难以逆转的伤害。人类使用铅的历史，仿佛是一部很长、很复杂的中毒史。铅为人们的生活带来了便利,人类也被它潜滋暗长的毒性“暗算”。

现代欧洲之“痛”

工业革命促进了含铅制品的爆炸性增长。医学认识的滞后，让铅中毒的流行势头没有受到任何阻挡,席卷了欧洲大陆和英伦诸岛。追溯原因,大多是工业生产时接触了铅或食用了被铅污染的饮料或食物。

早在1572年,法国开始流行一种名为“普瓦图绞痛病”的腹绞痛。一个多世纪后人们才知道,引起这种疼痛的原因是饮用了被铅污染的酒。

1730年,西班牙马德里市则流行起地方性腹绞痛,并持续了近50年,直到1797年人们逐渐发现一些规律:这一奇诡的腹绞痛多发生在贫民区,而这些穷人多使用表面涂有很厚的铅釉层的容器,而铅中毒可能就是病因。

与此同时,荷兰人也正被类似的腹绞痛折磨着,他们则是因为饮用从铅制屋顶和水管中取得的水而中毒。

与欧洲大陆隔海相望的英国也未能幸免。18世纪和19世纪成为英国的“痛风黄金时代”,罪魁祸首被公认为是从葡萄牙进口的葡萄酒。因为葡萄酒中用于增加酒精含量的添加剂——白兰地,大多是用含铅的蒸馏器提取的。就这样,英国人在享受葡萄酒的同时,也被铅中毒折磨着。

乔治·贝克医生是个有心人,他在1767年发表医学报告称,这种病与饮用苹果酒有关,因为苹果酒恰好受到了铅的污染。他详细描述了这种痛风病的流行过程。原来,加工苹果酒时,需要使用石磨粉碎苹果,连接石磨的铅制销钉暴露于石磨的表面。此外,储存酒的容器多是含铅内衬,铅在不知不觉中被苹果和酒中的酸所溶解。而酒商为了调味和防腐,还会主动添加含铅的食品添加剂。

铅中毒带来的帝国衰亡

铅为什么会与人类过从甚密?

答案是,铅的优良特性太多,高密度、良好的抗蚀性、熔点低、柔软、易加工等特性,让铅令人无法抗拒。在古罗马的宫殿、达·芬奇的油画、现代工业中，铅随处可见。

在雅典城附近，古希腊人开发了著名的拉夫里翁矿，一捆捆铅条和白银涌入雅典城邦。地处丘陵地带的拉夫里翁，分布着纵横交错的“含银方铅矿”的矿脉。

雅典人追逐的是在方铅矿石的组成成分中仅仅占 0.5% 的银。费尽辛苦提炼的白银，转换为雅典人的财富，帮助雅典打败波斯，一跃成为地中海地区的头号海军强国。而那些开采铅矿的工人最为不幸，负责溶解铅的工人也容易受到铅中毒的伤害。

在罗马，铅被用于建造供水系统，输水管道、蓄水池里铺满了铅皮。罗马人还“创新性”地把铅作为食品添加剂。他们发现，使用有铅内衬的铜壶煮葡萄酒，不但避免了铜散发的怪味，还有一种特殊的甜味：在煮沸过程中，铅与酸性果汁发生化学反应，形成了醋酸铅。在无糖时代，这种醋酸铅带来的甜味备受罗马人推崇。

铅渗透进罗马贵族生活的各个角落，罗马人被铅包围，在劫难逃。铅在罗马人体内慢慢蓄积，开始有人出现绞痛、便秘、神经麻痹和面色苍白等症状。罗马皇帝奥古斯都也曾禁止使用铅做输水管道，但这一政令似乎并没被执行。有历史学家认为，铅中毒是罗马帝国衰落的重要原因之一。

含铅汽油的利益博弈

作为人类较早使用的金属之一，人们享用着铅所带来的便利，同时它也以隐秘的方式影响着人们的健康。进入 20 世纪，铅的潜能被最大化激发——四乙基铅开始应用于汽车工业，这最终引发了人类对铅中毒的关注。

四乙基铅这种被加入汽油的添加剂，具有良好的抗爆震性能。爆震的产生是由于汽油中含有正庚烷之类的成分，它们极易燃烧，常在气缸中自燃，并产生强冲击波，从而使发动机震动、发响。早期的汽车工业从业者竭力寻找抗汽油爆震的物质。

美国化学家小托马斯·米基利发现，把四乙基铅加入汽油后，发动机竟不爆缸了。这种 1854 年就被德国人合成的液体，具有水果味，合成方便，极为廉价。1923 年后，美国街头的汽车用上了四乙基铅，于是，它在全球开始热销。

此时的人们已经知道铅能引起中毒，在含铅汽油面世的前一年，美国公共卫生署就公开警告，含铅燃料具有高毒性。起初，铅中毒事件在全国零星出现，报纸曾一度曝出某公司 8 名工人因神经系统铅中毒而死亡。因此，含铅汽油一度被逐出加油站。

但是，一旦没了四乙基铅，那些昂贵的汽车会很快报废。美国人得做出抉择：是要自身健康，还是要开车便利？

汽车制造商被利益驱动，绑架了人们的自由选择，“轮子上的国家”成为最具蛊惑性的宣传，含铅汽油畅行无阻。

1965 年，美国加州理工学院教授克莱尔·帕特森点燃了反对含铅汽油的导火索。通过研究，他在论文《自然环境铅污染与人》中指出，空气和食物中含铅的水平大幅升高，而源头是含铅汽油。

1973 年，美国环境保护总署宣布，将分步骤降低含铅汽油的使用量，设定了含铅汽油的最后使用期限——1986 年。

目前，含铅汽油在全世界大多数国家已经没有市场，汽油无铅化日益深入人心。

·摘自《读者》（校园版）2016 年第 17 期·

英文中 12 个月名称的由来

一　沁

January（1 月）

在古罗马传说中，雅努斯（Janus）是天宫的守门人，他每天早晨会把天宫的门打开，晚上把门关上。古罗马人认为雅努斯象征着一切事物的善始善终。英语中的 January（1 月）就是这位守护神的拉丁文名字。

February（2 月）

每年的 2 月初，古罗马人都要杀牲饮酒，欢庆菲勒卢姆节（Februarius）。在这一天，人们会忏悔自己过去一年的罪过，以洗刷自己的灵魂，求得神明的宽恕，使自己成为一个纯洁的人。英语中的 February（2 月）便是由拉丁文 Februarius（菲勒卢姆节）演变而来。

March（3 月）

March 原是古罗马旧历法中的 1 月，是新年的开始。后来，恺撒下令，从公元前 45 年 1 月 1 日起开始执行新的历法。从此，一年便被划分为 12 个月，原来的一月变成了三月。另外，按照罗马的传统习惯，三月是每年出征的季节。后来为了纪念战神 Mars，人们便把这位战神的拉丁名字用作三月的月名。英语中 March（3 月）就是由这位战神的名字演变而来的。

April（4 月）

古罗马的 4 月，正是大地回春、鲜花初绽的美好时节。英语中 April（4 月）便是由拉丁文 April（开花的日子）演变而来的。

May（5 月）

古罗马神话中的女神 Maria 是专门掌管春天和生命的神。为了纪念这位女神，古罗马人便用她的名字——拉丁文 Maius 命名 5 月，英语中的 May（5 月）就是由这位女神的名字演变而来的。

June（6 月）

古罗马人对掌管婚姻和生育的女神 Juno 十分崇敬。大地上的农作物在 6 月成熟，于是人们便把 6 月奉献给 Juno，并以她的名字来命名 6 月，即现在的 June。

July（7月）

恺撒遇刺身亡后，古罗马将军马克·安东尼建议用恺撒的名字Julius来命名7月，因为7月是恺撒的诞生月。这一建议得到了罗马元老院的通过，英语中的July（7月）由此演变而来的。

August（8月）

恺撒死后，他的甥孙屋大维成为古罗马皇帝。为了能和恺撒齐名，他也想用自己的名字来命名一个月份。他的生日是在9月，但他选定了8月。因为他登基后，古罗马元老院在8月授予他Augustus（奥古斯都）的尊号，于是，他便决定用这个尊号来命名8月。英语中的August（8月）便是由这位皇帝的拉丁语尊号演变而来。

September（9月）

在恺撒改革以前的古罗马历法中，全年只有10个月。其中September是7月，因为拉丁文中“septem”是“七”的意思。而当恺撒在原历法前多加两个月之后，7月的名称就依次往后顺延，于是就用September来称呼9月。英语中September（9月）由此演变而来。

October（10月）

英语中的10月来自拉丁文“Octo”，“Octo”表示“8”。它和上面讲的9月一样，在改革历法之后，8月的名称就依次往后顺延，于是便用October来称呼10月。英语中的October（10月）由此演变而来。

November（11 月）

由于奥古斯都和恺撒都有了用自己名字命名的月份，于是古罗马市民和元老院认为，当时的古罗马皇帝提比里乌斯应该用其名来命名 11 月。但提比里乌斯并没有同意。他对大家说："如果古罗马的每个皇帝都要用自己的名字来命名月份，那么第 13 个皇帝该怎么办？"于是，11 月仍然保留着在拉丁文中表示"九"的"Novem"。英语中的 November（11 月）就是由此演变而来的。

December（12 月）

古罗马皇帝琉西乌斯想把一年中的最后一个月用他的情妇的名字来命名，但遭到了元老院的反对。于是，12 月仍然保留在拉丁文中表示"10"的"Decem"。英语中的 December（12 月）由此演变而来。

· 摘自《读者》（校园版）2016 年第 18 期 ·

带你看懂黄金分割数

壹 读

黄金分割的历史由来

传说公元前 6 世纪的时候，毕达哥拉斯有一天在外面散步，走着走着，就路过了一间铁匠作坊，听到“叮叮当当”的敲击声，他觉得很好听。然后毕达哥拉斯就神乎其神地拿出尺子，走进去量了量铁砧和铁锤的尺寸，发现它们之间存在一定的比例，多次实验后就得出了“线段长度比例在 0.618 的时候最优雅”的结论。哎，先生你不是想知道为什么声音这么好听吗？为什么改成研究线段比例什么时候最好看了？

现代数学家之所以推断毕达哥拉斯知道黄金分割线数值的存在，是因为那时毕达哥拉斯学派研究过了正五边形和正十边形的作图。到了公元前 4 世纪的时候，古希腊数学家欧多克索斯第一个系统研究了黄金分割数，并建立起比例理论。他认为所谓黄金分割，指的是把线段分为两部分，其中一部分对于全部之比，等于另一部分对于该部分之比。这个分割数正是 0.618。公元前 3 世纪前后，欧几里得撰写《几何原本》时吸收了欧多克索斯的研究成果，进一步系统论述了黄金分割，该书成为最早的有关黄金分割的论著。中世纪后，德国天文学家开普勒把黄金分割称为“神圣分割”。

黄金分割的实际运用

就像所有故事的主角一样，这个故事的主角也必须有别人没有的“大招”。比方说在艺术方面，很多名画、雕塑、摄影作品的主题，大多处于画面比例的 0.618 的地方。通常说的黄金矩形的长宽比就是黄金分割率，黄金分割率和黄金矩形能够给画面带来美感，像希腊雅典的帕提农神庙，达·芬奇的《维特鲁威人》,《蒙娜丽莎》中蒙娜丽莎的脸,《最后的晚餐》的比例构图，就出现了只要有黄金分割的地方就有美。艺术家认为，弦乐器的琴马放在琴弦的 0.618 的位置能使琴声更加柔和甜美。

地理学家发现,地球表面的纬度范围是0° ~90° ,对它进行黄金分割，得到的 34.38° ~55.62° 就是地球的“黄金地带”。然后地理学家毫不意外地发现,这个地带在平均气温、年日照时间、年降水量、相对湿度等方面，都是最适合人类生活的地区。而且超巧的是，这一地区几乎囊括了世界上所有的发达国家。

植物学家发现，有些植物茎上两根相邻叶柄的夹角是 137° 28'，这个角恰好就把圆周分成 1 ： 0.618 两部分。不仅如此，上下相邻的两片叶子之间都是大约形成 137° 28' 的角。而且据研究发现，这种角度对植物的通风和采光，都能达到最好的效果。

科学家发现，如果炼钢时需要加入某种化学元素来增加钢材的强度，他们不知道要加多少合适，那么把实验点选在这种元素质量考虑范围的0.618这个地方开始，会大大减少实验的次数。这种方法还有一个名字叫作“优选法”。

医学家发现，人体处于22.8℃的环境时会觉得最舒服，而且在这一温度中，机体的新陈代谢、生理节奏和生理功能都处在最佳状态。为什么会这样呢？我不用说你也知道了吧，因为人体的平均正常体温是37℃，而22.8℃就是37℃和0.618的乘积！所以，只要你时时刻刻想着黄金分割率，那这个故事你基本上就可以猜到剧情了。

股票专家发现，用黄金分割比率进行的切线画法，在股票行情发生转势后，以近期走势中重要的高点和低点之间的涨跌额作为计量的基数，将原涨跌幅按0.236、0.382、0.5、0.618、0.809分割为5个黄金点，股价在反转后的走势将可能在这些黄金分割点上遇到暂时的阻力或支撑点！

黄金分割已经在实际运用中大展身手了。

·摘自《读者》(校园版) 2017年第1期·

关于湿度，你不知道的4件事

朱　颜

露点越高，人越难受

湿度是用来描述空气中水蒸气含量的物理量。表达空气湿度的方式有很多种，其中最常用的是气象学里的“相对湿度”。

那什么是相对湿度呢？让我们把空气想象成海绵，它最多可容纳的水是一定量的，比方说是1升。那么相对湿度就是指海绵的实际含水量（即绝对湿度）和最多可容纳水量的比值。如果海绵没有喝水，那么相对湿度是零；如果海绵喝了500毫升的水，那么相对湿度就是50%。

当湿度达到100%时，第二天早上一定会出现露水。

在水蒸气含量不变的情况下，气温降低，相当于海绵变小，最后使空气中的水蒸气达到饱和状态。于是，多余的水蒸气就会析出，形成露水。

人们将空气中的水蒸气冷凝形成露水时的环境温度称为“露点”。比如露点为 18℃，这就意味着外界温度必须降至 18℃以下，空气中的水蒸气才会达到饱和，在草上、树叶上形成一颗颗亮晶晶的小水珠。

露点是衡量绝对湿度的一种方式。比如某地的露点为 12℃，那么此地空气的绝对湿度就是 12℃时的饱和水蒸气量。

由此可见，露点越高，说明空气中的水蒸气越多；反之，露点越低，则说明空气中的水蒸气越少。水蒸气少也有两种情况，一是气温低，也就是海绵小，装水的容量不大；二是相对湿度低，也就是海绵虽大但吸的水少。

露点是衡量人体是否感觉舒服的重要指标。它和风、日照等因素一起，影响我们的体感温度（即人体真正感受到的空气温度）。

露点高时，人们通常会感到不适。因为露点高时气温一般较高，这会让人大汗淋漓。露点高有时还伴随着较高的相对湿度，这会导致汗水挥发受阻，人会因体温过高而感到身体不适，甚至会生病。而露点低时，气温或者相对湿度会比较低，二者都可令身体有效地散热。

空气干燥，唱歌易走调

我们的声带由一对左右对称的黏膜组成。发声时，从气管和肺冲出的气流不断冲击声带，引起声带振动而发声。声带通过控制气流，来控制我们说话或唱歌的声调。有意思的是，在干燥的环境中，唱歌很难不走调。

事实上，据研究人员推测，正是湿度赋予了语言丰富的声调。统计过遍布全球的 3700 多种语言后，他们发现，拥有复杂音调的语言——比如粤语、越南语和非洲的许多语言——更普遍地存在于气候潮湿的地区。

研究显示，绝大多数有着复杂声调的语言，出现在东南亚和非洲的热带地区，少量位于北美、亚马孙河流域和新几内亚的潮湿地区。而非多声调语言，例如包括英语在内的各种欧洲语言，一般出现在更干燥的地方——寒冷的北方或者干燥的沙漠。

之所以产生这种有趣的格局，是因为空气的湿度会影响声带的弹性。声带表面的黏液层中的水分和多糖体有固定的比例，以保持黏液层松软、有弹性，而这正是发声的关键。吸入干燥的空气会让声带脱水，导致黏液层的黏稠度上升，弹性下降，声带很难发出复杂的声调。

头发可以测湿度

如果你有一头长长的秀发，那可能就不用麻烦天气预报来告诉你空气的湿度了。因为头发对空气的湿度很敏感，空气潮湿时，直发会变弯，而卷曲的头发会更卷曲。瑞士的物理学家索斯尔发现了这一有趣的现象，然后，他利用头发制造出世界上第一个头发湿度计。

索斯尔将一束 25.4 厘米长的头发一端固定到螺钉上，另一端则穿过滑轮，与一重物相连。头发吸水湿润之后会变短，带动重物向上移动。索斯尔则根据重物移动的距离来计算空气的湿度。

为什么头发吸水之后会变短呢？

头发的主要成分是一种叫角蛋白的蛋白质。我们都知道，蛋白质是由氨基酸组成的，氨基酸“手拉手”，排成长长的肽链。通过二硫键或氢键，肽链可以形成螺旋结构，并能进一步伸缩。

二硫键很稳定，它不受湿度的影响，只要你不烫发，它几乎可以永久地存在。这赋予了我们的头发强度和韧性。而氢键比较弱，它对湿度很敏感，随时可以被打断、重建。

潮湿的时候，空气中有更多的水分子，这意味着除了相邻的氨基酸之间可以形成氢键外，位于肽链不同位置和不同肽链的氨基酸之间也会形成更多的氢键，这会让肽链不断伸缩弯曲。而湿度降低后，许多氢键会被打断，肽链重新伸展变长。其宏观表现就是，头发会随着湿度增加而变短。

如果把头发想象成弹簧，那么把头发吹干就相当于把弹簧拉直，头发会变长；而头发潮湿的时候，大量形成的氢键会把弹簧进一步掰弯、折叠，甚至缠绕，头发随之变短。

虽然头发湿度计很粗糙，我们甚至可以自己在家动手制作，但一直到20世纪60年代，头发湿度计才退出历史舞台，被电子湿度计取代。

湿度告诉飞蛾哪里花蜜多

令我们讨厌的闷热、潮湿的环境，对于昆虫来说，却如同天堂一般。

和体型较大的动物相比，小虫子更容易脱水，因为它们的相对表面积（体表面积与体积的比值）更大，这意味着从体表蒸腾散失的水分会更多。而我们知道，大多数昆虫很小，湿度升高会提高它们的存活率，所以，昆虫大多对湿度很敏感，总喜欢湿润的乐园。其中以飞蛾为最，它们可以检测小到4%的湿度变化。

另外，飞蛾还能通过检测湿度的变化来找到它的食物——花蜜。

花蜜有蒸腾作用，刚盛开的花朵上方的相对湿度会比周边环境的相对湿度高出约4%。随后湿度差异会逐渐减小，直至大约半小时后花蜜耗尽。也就是说，半小时后，花朵也许依旧盛开，但花蜜已经没有了。飞蛾只有找到那些开放时间不超过半小时的花朵，才可以享用到花蜜。所以对湿度变化的敏锐感知能力，能帮助飞蛾迅速判断哪些花的花蜜更多。

·摘自《读者》（校园版）2017年第3期·

爱很稀有，砹更稀有

佚　名

足球状的碳原子簇 ^{60}C 有“最美分子”之称，但如果你曾在学生时代喜欢过化学课或正从事与化学相关的工作，你就会明白，化学远不止于美。它有种与生俱来的浪漫，这种浪漫源自真理，而非通常美学意义上的浪漫。不相信？就来看看这些化学小知识吧。

1. 金和铜是两种较为稀有的非银色金属

多数金属的电子都可以均匀地反射光照，而太阳光反射出来即为白色。金和铜由于可以吸收蓝光和紫光而不吸收黄光，所以呈黄色。值得一提的是，铜也是唯一天然抗菌的金属。

2. 热胀冷缩？不一定。水结成冰，体积会膨胀

水结成冰的时候，原子振动减弱，体积会变大，这与水分子独特的

形态有关。水分子看起来就像米老鼠：氧原子在中间，两个氢原子分布在氧原子上方两侧。氢原子和氧原子这种独特的键合方式，形成了水分子具有较大空间的开放结构。水结成冰时，氢原子和氧原子键合增多，从而释放出能量，因此也占据更大的空间，所以水结成冰后，体积会膨胀。

3. 玻璃其实是一种液体，只是流动的速度很慢

玻璃既非液体，也非固体，它是流动的，只是速度很慢而已。化学家主张将其称为“非晶态固体”——一种介于液态和固态之间的形态。另外，有一种物质叫作金属玻璃，这种材料的坚硬度是钛的 3 倍，弹性模量与骨头近似，但质量极轻。

4. 我们身体里的每一个氢原子，也许都已有 135 亿年的“高寿”

宇宙形成之初，出现的第一种化学元素即是氢。氢生氦，氦生碳，然后便有了万物。目前可见的宇宙中，氢约占总质量的 73%，氦约占 25%，其他元素合计仅占 2%。以质量计算，氢和氦合计占地球质量的百分比远低于 1%。

5. 超流氦失重时能上墙

在 2.17K 的温度下（接近绝对零度的超低温，即氦的“λ 点”），液氦的特性会发生巨变，部分液氦会变成“超流体”，这种零黏性的流体能迅速穿过任何孔隙。

6. 钻石和石墨中只含碳元素

同样仅由碳构成，钻石可以在王冠上熠熠生辉，石墨却只能成为默默无闻的铅笔芯。说到底，这种差距源自它们的结构差异。简而言之，钻石和石墨就是空间构造不同的同素异形体。

7. 砹是地壳中最稀有的自然元素

砹是铀和钍衰变形成的半金属，它的英文名称是 astatine，意为“不

稳定”。即使是砹最稳定的同位素，其半衰期也只有 8.1 小时。在整个地壳中砹元素的总量只有 28 克。如果科学家需要用到它，就必须自行从头开始合成。到目前为止，人工合成的砹仅有 0.000 000 05 克。

8. 世界上最昂贵的材料内嵌富勒烯，每克价值 1.67 亿美元，比它更贵的唯有反物质

英国牛津的初创公司 DesignerCarbonMaterials 出售了 200 微克（1 微克等于 1 克的百万分之一）的纯内嵌富勒烯，价格为 3.34 万美元，也就是说，每克纯内嵌富勒烯价值 1.67 亿美元。该公司是全球唯一能生产这种特殊材料的公司。

· 摘自《读者》（校园版）2017 年第 4 期 ·

对称元素激发绘画之美

刘夕庆

对称走入科学与绘画

对称在人类思想史上占有非常重要的地位，科学家在研究中自然而然地加以运用，画家们也不例外，因为这会让画面更加美妙。在自然科学领域，对称意味着某种变换中的不变性，通常的形式有镜像对称（即左右对称或双侧对称）、平移对称、转动对称和伸缩对称等。科学中的一些守恒定律都与某种对称性相联系，如动量守恒和能量守恒定律等。

对称观念由来已久。远在上古时期，人类可能就已经有了对称观念。但对称观念到底起源于哪里却是一个很复杂的问题。不过我们可以设想，人类的祖先是在进化过程中，通过对许多自然现象的不断归纳，渐渐形成对称观念的。比如，人脸、身体以及许多植物叶片的两侧对称，就是常见的左右对称形式。后来，人们通过显微镜发现雪花具有非常漂亮的六角形结构——这种结构不仅具有双侧对称性，还具有旋转对称性。

大约在 1595 年，开普勒曾想用一些几何的对称性来解释太阳系各行星轨道直径的比例。他希望在一个球里面放一个内接的正方体，在这个正方体里面再放一个内接的正四面体，以此类推，恰好已知的柏拉图描述的 5 种正多面体都用上了……他希望用这些正多面体的大小比例，解释太阳系各行星轨道的大小比例，以寻求支配行星轨道运行的结构性规律。

1935 年左右，自发运用科学思想指导作画的荷兰人埃舍尔，在尝试描摹西班牙阿尔罕布拉宫的平面镶嵌图案时，绘画风格开始了转变。坚实的木刻技术和独特的艺术风格，使其作品多以平面镶嵌、不可能的结构、悖论、循环等为特点，从中可以看到对分形、对称、双曲几何、多面体、拓扑学等数学概念的形象表达。其画作兼具艺术性与科学性，尤其是对称元素的使用比比皆是。而在对称中，圆形又是唯一具有完美对称性的图形。可以说，在自然界中没有绝对的圆存在，我们所看到的太阳、月球，包括我们的地球以及宇宙中所有恒星、行星的形状其实都是椭圆形的，而不是完全对称的圆。完美无缺的圆可能只存在于人类的圆规之下，或者像处于纳米级别下的巴基球——它是人工构建的奇异的碳分子，用 60 个碳原子按照足球的结构组成一个完美的球体。

对称审美启迪艺术创作

对称的观念可能一开始就是从艺术创作上发展而来的，和上古的绘画、雕刻、建筑、音乐等，都有极其密切的关系。比如，4500 多年前（公元前2500年左右），苏美尔人中的艺术家就已经画出了一幅主体对称而整体又不完全对称的作品；中国在商朝则有非常对称而美妙的“觚”之类的铜器，商朝或周朝“盂”（一种盛液体的器皿）的表面，有一些对称的图案，这些图案反映了当时的艺术家对羊犄角对称形式的关注——显然那时候的艺术家已会用这样的方法将对称的元素突显出来了。

到了有详细历史记载的年代，对称现象在各种艺术形式中的运用更加普遍。比如存放在纽约大都会博物馆中的一尊铜像，其美妙对称的线条反映了北魏时期中国艺术的特点；又比如中国明朝的青花瓷，无论是从外观构造还是表面的绘画来看，都呈现优美的对称性；再比如挖掘出土的罗马帝国时期的零碎图案拼凑出来后，具有非常复杂的对称性。而现代风景画中，对称元素的介入可能并没有像人类早期的艺术品那样被强调，因为现代画家也发现了许多不对称性所产生的美——就像科学家发现了自然界对称性的破缺是造成自然演化的动力一样。

李政道曾指出：“艺术与科学，都是对称与不对称的巧妙组合。”这无疑是正确的。对称是美，不对称也是美，对称性自发破缺也是美的——它可能是导致自然宇宙演化的动力所在。更准确而全面地说，对称与对称破缺的某种组合才是真正的大美。当然，科学与艺术都会在各自的领域甚至在交融的领域对其予以描绘。

· 摘自《读者》（校园版）2017年第18期 ·

感受可燃冰的“温度”

苏更林

颠覆常识的可燃冰

俗话说:“水火不容。”冰作为固态的水，自然也是不能燃烧的。可是，可燃冰却是一种可以燃烧的“冰”。那么，可燃冰到底是凭借什么颠覆了我们的常识呢?

原来，可燃冰是天然气水合物的俗称。它是甲烷类天然气被包进水分子后，在海底低温与压力作用下形成的一种透明结晶状物质。由于这种物质大多呈白色或浅灰色，看起来与冰雪十分相像，并且能像蜡烛和酒精块一样燃烧，因此人们就将其称为可燃冰。

说来也怪，存在于可燃冰内部的甲烷气体分子和水分子倒是十分投缘。在由若干水分子组成的“冰笼”中，“囚禁”着一个甲烷气体分子。构成“冰笼”的水分子是以氢键相互吸引的，并与被锁在其中的甲烷分子形成稳定的笼型水合物。

它们称得上是相依为命的兄弟，没有了“冰笼”的保护，甲烷分子就会逸出笼外；而抽去了甲烷分子这个“房客”，那么“冰笼”也会发生塌陷。

可燃冰的“底气”何在

在可燃冰试采成功之际，社会各界都对其给予了特别关注。那么，可燃冰的“底气”到底是什么呢？除了可燃冰在能源上的战略地位之外，可燃冰优秀的燃烧品质也是其走红的底气之一。

由于可燃冰是在低温、高压条件下由天然气与水分子结合而成的天然气水合物，因此可形成单种或多种天然气水合物。不过，形成天然气水合物的主要气体为甲烷，甲烷分子含量超过 99% 的天然气水合物通常被称为甲烷水合物。

这样的结构特征决定了可燃冰是一种能量密度很高的能源，并且是一种很好的清洁能源。通常，1 立方米的可燃冰在常温常压下分解后可释放出约 0.8 立方米的水和 164 立方米的天然气。因此，开采时只要给固体的可燃冰升温减压就可释放出大量的甲烷气体来。

在崇尚生态文明建设的今天，我们更关心可燃冰的燃烧品质，也就是说会不会产生环境污染。可燃冰在燃烧后几乎不产生任何残渣或废弃物，因此其燃烧产生的污染要比煤炭、石油、天然气等小得多。因此，它可以作为未来石油、天然气的替代能源。

沉睡在海底的“宝贝”

可燃冰的燃烧品质决定了它非凡的应用价值，人们称其为“宝贝”是一点也不过分的。只是由于其深藏于海底岩石之中,开发利用难度很大。

一般来说，适于可燃冰形成的温度在 0℃ ~10℃，超过 20℃它便会分解了。海底的温度一般保持在 2℃ ~4℃左右。在 0℃时，可燃冰的形成需要 30 个大气压，并且压力越大形成的可燃冰越稳定。可燃冰的形成需要气源，也就是甲烷等天然气。一般来说，甲烷气源可由海底沉积的碳经生物转化而来。

由于可燃冰的形成需要特殊的条件，所以只能分布于特定的地理位置和地质构造之中。据估算，全球可燃冰的资源储量相当于全球已探明传统化石燃料碳总量的两倍，科学家甚至认为它是能够满足人类未来 1000 年使用的新能源。

“中国方案”领跑世界

中国可燃冰资源储存量大约相当于 1000 亿吨石油当量，其中有近 800 亿吨分布在南海。按现在的消耗速度，可燃冰资源可满足中国近 200 年的能源需求。

可燃冰既是一种清洁能源，同时又是一种非常危险的能源。原来，在导致全球气候变暖方面，甲烷所起的作用是二氧化碳的 10~20 倍。可燃冰的不当开发有可能导致甲烷气体的泄漏，不仅会加速地球的温室效应，还有可能造成海洋生态的变化以及海底滑塌事件等，这无疑都会加大可燃冰开采的技术风险与难度。

中国从 1999 年起对可燃冰开展实质性的调查和研究。2004 年，中国科学家开始对可燃冰钻采进行攻关，现已成功研发了国内外首创的具有自主知识产权的水合物冷钻热采关键技术。2017 年 5 月，中国实现了可燃冰全流程试采核心技术的重大突破，形成了国际领先的新型试开采工艺。中国进行的可燃冰试开采是世界上第一次针对粉砂质水合物进行的开发试验，采用的是具有中国特色的“中国方案”。

在最近进行的试开采项目中使用了大量国产装备，其中的“蓝鲸一”号是目前全球最先进的双井架半潜式钻井平台，适用于全球任何地区的深海作业。监测结果显示，整个试采过程安全、可控、环保。中国在可燃冰研究领域走在了世界前列，对推动能源生产和消费革命具有十分重要的意义。

链接

“蓝鲸一”号

“蓝鲸一”号是中国自主研制的世界最大、作业水深最深、钻井深度最大的双井架半潜式钻井平台，最大钻井深度达 15 240 米。“蓝鲸一”号净重 4.3 万吨，从船底到钻井架顶端有 37 层楼高。通常的钻井平台都是一套钻井系统，而“蓝鲸一”号却拥有双钻塔系统。双钻塔同时工作，一边打井、一边接管，钻井效率至少提高了 30%。

·摘自《读者》（校园版）2017 年第 19 期·

世界七大极端实验室

安 利

南极“冰立方中微子观测站”

南极洲的环境具有极端和独特的双重特性，多个国家都在南极建立了科考站。为了捕捉来自遥远天体的暗物质粒子，美国等国家的科学家在南极厚厚的冰层下，建设了一个用来捕获宇宙粒子的“冰立方中微子观测站”。中微子是组成自然界的最基本的粒子之一，质量非常轻，以接近光速的速度运动，由于不带电荷，所以它们在飞行时不会受磁场的干扰而偏离方向。这样一来，科学家如果探测到了中微子的轨迹，就可以追溯出它们的源头。虽然中微子的来源现在还不是很清楚，但黑洞、中子星和暗物质都有可能是它们的源头。当暗物质干扰其他星体产生中微子的时候，这些中微子便能被“冰立方”监测到。所以，根据“冰立方”记录下的踪迹，人们就有可能找到暗物质的相关线索。

美国布鲁克海文实验室

该实验室有一台“超级机器”——相对论重离子对撞机，2010年2月，它创造出最高的人造温度：4×10^{12}℃，比太阳的核心温度还要高25万倍。该对撞机有一个3.8千米长的环形隧道，两束对撞粒子分别朝两个方向运行，由装置上的线圈进行加速。当金离子以近乎光速的速度发生正面对撞时，炙热、密度极高的夸克——胶子等离子体便形成了，更准确地说，是近似于流体的物质。物理学家可以借此观测到在宇宙大爆炸的极短时间内，出现的“接近完美的液体”的物质形态。

尼泊尔“金字塔”实验

海拔5050米高的“金字塔”实验室，是世界上海拔最高的陆地实验室。这座金字塔形状的建筑有3层楼高，整个屋顶上覆有太阳板。从20世纪90年代开始，越来越多的科学家提出，来自南亚次大陆的污染烟尘颗粒正在增加。这些烟尘颗粒主要来自人为的排放源，其形成的大气霭云覆盖在恒河平原上空，并延展到了往南数千千米的地方，笼罩了印度洋。但在北边有一个明显的界限，那就是喜马拉雅山脉。所以，这里被认为是研究大气霭云的绝佳地点。为了更好地观测喜马拉雅山南部的污染情况，尼泊尔气象观测局特地在库恩布山谷建造了这座观测站。目前，这里已成为国际研究实验室，涉及的科学项目包括地质、气候、环境和人体生理学等。

美国“宝瓶座”水下实验室

该实验室位于佛罗里达州凯斯国家海洋保护区15~18米深的水下，是目前世界上唯一一个还在运行的可供科学家工作和生活的水下实验室。这座实验室由美国国家海洋局和大气管理局建成，于1993年投入使用，目的是为了更好地监测环境和观察珊瑚礁、海洋生物的生长。这座大小如同一辆校车的实验室，可同时容纳6名科研人员生活两周时间。美国宇航局也在这里对宇航员进行培训，以锻炼他们在外太空或者未来登陆小行星时的生存能力。

欧洲核子研究中心

欧洲核子研究中心是世界上最大的粒子物理学实验室，它拥有世界上最大、能量最高的粒子加速器——大型强子对撞机。自2010年3月30日首次“对撞”试验成功以来，科学家已接近发现有“上帝粒子”之称的希格斯玻色子。该粒子被认为是物质的质量之源，它的发现将有可能帮助人类解开宇宙的起源之谜。

加拿大萨德伯里中微子观测站

太阳在热核反应时会释放出大量中微子，科学家早期在观测抵达地球的中微子时发现，观测到的数目要远远小于理论值，这就是“太阳中微子失踪之谜”。为了解开“太阳中微子失踪之谜”，1999年，来自加拿大、美国和英国的科学家在加拿大安大略省萨德伯里附近的一座镍矿中，建造了一台中微子探测器，称为萨德伯里中微子观测站（SNO）。观测站位于地下2000米处，是世界上最深的地下实验室。它使用1000吨超纯重水，通过观察中微子与重水反应变成质子的过程，来探测抵达地球的太阳中微子数目。目前有关太阳中微子的实验课题已经结束，该实验室正在为“SNO+”的实验进行改造，目的是利用液体研究低能量中微子。

国际空间站

从运行高度、速度和太空环境而言，国际空间站都堪称世界上极端的实验室。它的运行轨道距地球 360 千米左右，平均运行速度 2.77 万千米 / 小时。由于国际空间站长期有人员驻留，为了避开地球周围的强辐射地带，一般高度不超过 400 千米，这个高度并没有完全离开大气层。由于空间站还受到空气阻力的作用，因此，从严格意义上讲，并不会完全失重，但可以认为近似于完全失重的状态。

· 摘自《读者》(校园版) 2015 年第 18 期 ·

给千克重新定义

孟　月

千克的标准在改变!

1 千克将不再是 1 千克了!

不管你信不信，事实确实如此。被全世界尊奉为质量度量标准的千克原器，辜负了人们对它的信任，它在逐年变轻。

1889 年，法国巴黎召开了第一届国际计量大会。为了统一计量单位，大会把国际单位制中度量和质量的基本单位“千克”定义为 :“等于国际千克原器的质量。”从此，全世界的质量计量标准实现了大一统。

千克原器是用 9 ∶ 1 的铂铱合金制成的、高和直径都为 3.9 厘米的圆柱体。圆柱体的形状让它的表面积尽量减少，从而较大程度降低附着污染物对它的影响；铂铱合金的材质膨胀率低、不易氧化。它被藏在重重防护下的恒温恒压的储藏室里，外有 3 层钟形玻璃罩，最外一层是半真空的，以防空气和杂质进入。储藏室的钢门需要 3 把钥匙才能打开。钥匙分别攥在国际计量局局长、国际计量委员会主席和法国外交部部长手里。每隔 40 年，科学家会用麂皮填料钳，将它从所在的位置上取出，用在乙醇和乙醚中浸泡过的布擦拭它的表面，再仔细用蒸汽将它清洗干净。

各个国家的千克原器复制品，每隔 20 年就会被人从各个国家聚集到一起，与巴黎的千克原器进行校准，以确定误差和稳定性。以这样的校正来确保全世界称重仪器的准确和统一，比如各个实验室的天平、工厂的货秤以及我们常用的体重秤。

就这样平安地度过了 100 多年。近年来，科学家失望地发现，比起复制品的平均质量，千克原器竟减少了近 50 微克，并且还在持续减轻。虽然变化量仅相当于一粒小细沙的重量，它却震惊了整个科学界，让人们开始恐慌。佐治亚理工学院物理系的名誉退休教授罗纳德 · 福克斯说："对用远远低于十亿分之一秒来计算时间和远远小于微毫米的长度来计算距离的世界来说，这个减轻的数值会产生巨大影响。"

科学界不得不做出告别使用千克原器的决定，可是怎样保证新的定义与原来的完全一致呢？来自很多国家的科学家参与了这个课题的讨论，其中有两个提议引起了人们的注意：第一，用纯硅原子球体取代铂铱混合圆柱体；第二，利用已知的"瓦特天平"装置和电磁能来重新定义千克。这两种方法都是在现有标准的基础上进行改进的。

很快，就有科学家发出其他倡议，如福克斯的提议是，从今以后，克被严格地定义成 18 × 14074481 个 ^{12}碳原子的重量。目前，美国、英国、德国、意大利、日本等众多国家的科学家，都在积极探索更标准、更合理的方法去定义千克。

意大利国家计量科学研究院的乔凡尼·法力和其他研究人员测得了新的阿伏伽德罗常数。他们采取的测量方法是计数1千克重的高纯硅28球体中有多少个原子。当硅结晶时，它会形成规律的晶格结构，每个基本的晶胞中含有8个硅原子。如果能分别得知硅晶体总的体积及每一个硅原子所占的体积，就可以计算出其中硅原子的数量。这一评估结果能够用于量化普朗克常数，并且帮助科学家以纯数学常量的形式重新定义千克。科学家于2018年重新定义了千克的概念，并于2019年5月20日正式生效。

·摘自《读者》(校园版)2016年第9期·

谁发明了电影

不着调

1895 年 12 月 28 日，历史上最著名的一场电影登场了。在原本供人们聚会聊天、欣赏歌舞表演的巴黎卡普辛路 14 号“大咖啡馆”里，客人只需支付 1 法郎,就可以观看由每部时长约 1 分钟的 10 部影片组成的节目。放映的影片包括卢米埃尔和他妻子喂孩子的情景、大海的镜头以及男孩踩住水管导致困惑的园丁“湿身”的戏剧化场景等。其中火车进站的情景还吓得不少客人四处逃窜。

虽然第一天的观众仅十几人，但第二天就有 2000 人慕名来到大咖啡馆。几周之内，卢米埃尔兄弟的生意红火到一天得放映 20 多场，观众们排着长队等待观看。当然，卢米埃尔兄弟每次放映前要再三声明 :“火车是不会跑出来的！”但观众还是惊慌失措。由于观影的人实在太多，巴黎的警察不得不前来维持秩序。

这一年，卢米埃尔兄弟的电影机取得了专利，专利书上的名称是“摄取和观看连续照片的器械”，卢米埃尔兄弟从希腊词汇中寻找词根，创造了 cinematographe，来称呼这种集摄影、放映、洗印 3 种用途于一体的新机器，简称 cinema。

今天，人们把卢米埃尔兄弟尊为“电影之父”，但其中最不服气的人应该是爱迪生，当然他已经有了比“电影之父”更大的成就和名气。但不可否认的是，几乎在同一时期，爱迪生也在美国进行着类似的创造。

那时爱迪生已经发明了“留声机”，还想顺带发明一台“留影机”。不过爱迪生发明的“留影机”播放制式“先天不足”，他把拍摄速度定为每秒 40 帧，认为只有以这样的速度运转，“留影机”才能产生最自然的动作（现在的标准是每秒 24 帧）。在当时的条件下，以如此的高速运转，使得每卷胶卷的长度受到限制。确切地说，每卷胶卷只有 15 多米长，否则就容易绞带。15 多米长的胶片只能大约拍摄 20 秒钟。而卢米埃尔兄弟采用的每秒 16 帧的标准一直延续了整个默片时代。

另外，爱迪生的“电影视镜”受制于观念的局限，他提供的影片都是在他所设计的一个被称作“黑囚车”的装置中拍摄出来的。他请来一些演员在摄影机前表演一些娱乐场所里的把戏，甚至仅仅让他的一名雇员表演打喷嚏，所有的作品如同一张张活动的照片，这种创造本身没有脱离照相馆的原有模式。

是谁发明了电影，在很长一段时间里并没有公论。《不列颠百科全书》中的电影史部分，开篇第一句话就是：“电影的史前史几乎和它的历史一样长。”作为现代科技的产物，电影的诞生确实经历了漫长的实验过程。玻璃工业提供了透镜，化学工业提供了感光药剂与透明塑料，电力工业提供了电与电灯，机械工业提供了制造摄影机与放映机的材料……但最后电影史选择记录下1895年的12月28日，选择了卢米埃尔兄弟。

·摘自《读者》(校园版)2016年第11期·

物理学家的N种“死法”

庞　礴

游乐场里，过山车前排队的人龙往往最长，传来的尖叫声最响亮：短暂的失重和头脚颠倒，换来劫后余生般的快感，实在让人欲罢不能。

挪威物理学家安德烈·亚斯索尔博格·瓦尔也偏爱冒险游戏，不过对他来说，这些绑着安全带的游戏实在不够刺激。

瓦尔的游戏更像在和死神打赌。在一间旧工厂里，他用尼龙绳把金属球吊在天花板上。顺着绳子，瓦尔将铁球向后拉了3米远，放在一个和自己一般高的机关上，然后站在距离绳子3米远的另一端，后背紧紧贴着墙。

如果你熟悉牛顿力学定律，就不会对瓦尔的实验有疑虑：释放于3米之外的铁球，会因地心引力而向前摆动，直到到达与起点一致的高度，然后再次回摆；由于与空气的摩擦和其他损耗，这个高度会比起点低那么一点。

瓦尔完全没给自己留退路，他把后背完全贴在墙上，直到这个脑袋大小的铁球轻轻贴上他的鼻尖。

像铁器在铁匠的锤下或者猛兽在驯兽师的鞭下，瓦尔多的是将危险变成游戏的本事。最近的一次实验中，他站在泳池里，用机关扣动4米外的枪支扳机，朝自己开了一枪。水分子的密度是空气密度的近800倍，这也让子弹旋转前进的运动变得格外困难，在两米外开始下沉，最终落在他脚下。

以上的危险瞬间，都是由瓦尔参与的一档电视节目播出的——有时他不得不应导演的要求，在“大难不死”的结局中露出释然的表情，比如像泳池中开枪之后的那一幕，瓦尔向后倒下，表演了一段欢快的仰泳，但他心里是坦然无挂碍的：所有的尺度全部由这位物理学家计算得出，结果自然也在意料之中。

传说伽利略曾站在比萨斜塔上，将一大一小两个铁球同时扔下去，以证明亚里士多德的错误。这件事的真伪已经难考，但一些物理定理能轻松演化成小故事倒是不假。几年前，还在大学苦心经营学术的瓦尔尚未意识到这一点，生活的重心仍然是学术的假设与求证，直到妻子将怀孕的消息告诉他。

多了一个角色要扮演，观察生活的角度就会变得不一样——已经对这个世界习以为常的瓦尔，在幼子还未出世时，就开始试着用另外一种眼光打量周遭，想着要给他一个怎样的世界。论文里晦涩难懂的词语得留给专家，普通人甚至根本无缘见到那些复杂的推论和演算。于是瓦尔又回到那些智者留下来的小故事，那是他理解物理的起点，也是他打算展示给孩子的新世界。

瓦尔和电视台的朋友一合计，他的节目上线了。他绑着一根绳子，没有其他护具，从 13 米的高空自由落体，最终在离地 1 米多的时候，绳尾上摆动的石头将绳结打死，他悬停在半空中；他也曾浑身喷满水，从火圈中间安然无恙地滑过去（他笑称此为“人肉烧烤”）。他说：“这个节目最初是为孩子们设计的，希望他们能在惊奇之余，看到统治这个世界的基本原理。”不过，为了确保自己的幼子不会失去父亲，瓦尔的节目中每一个环节都由他自己设计完成，不管是扣动扳机还是释放铁球，都有机关联动，以避免别人在最后慌了手脚。

现在瓦尔最期待的就是孩子长大，对着一次次“死里逃生”的父亲表现出崇拜的样子。要说有什么坏处，那就是等他将来去游乐场的时候，或许会对过山车这些小儿科的项目嗤之以鼻吧。

·摘自《读者》（校园版）2017 年第 6 期·

聊一聊化学元素的“八卦”

张　渺

一天早上，化学家的助手捧着一只玻璃瓶子，兴奋地跑进办公室：“我找到了可以溶解一切物质的万能溶剂！”

瓶子里的绿色液体还在“嘶嘶”作响，化学家却没有兴奋，冷静地问了一句：“那你是怎么用玻璃瓶把它装起来的？”

这个笑话被美国科普作家山姆·基恩写进《元素的盛宴》一书，这本书讲的都是关于化学的传奇“八卦”。

在山姆·基恩的书里，化学绝不是“一个没有故事的女同学”，而是一位在人类历史中沉浮多年的“老司机”。比如生产廉价化肥的方法，是德国人在研究烈性炸药时用边角料捣鼓出来的；发着半透明绿光的放射性元素镭，曾一度被制成一种保健饮料，风靡一时；俄国化学家门捷列夫一边打扑克一边想出了元素周期表；德国物理学家格拉泽抿着啤酒气泡，悟到了探测粒子的新方法。

“元素周期表中的每一种元素，都有着有趣、奇怪或令人毛骨悚然的故事。”山姆·基恩找遍了科学史中鲜为人知的角落。在他看来，从元素周期表左上角的氢到最下方的人造元素,在每一个边边角角,都能发现“炸弹、金钱、炼金术、政治手腕、历史、毒药、罪行和爱情”。

当然，也少不了科学。

人类花了 2000 多年的时间，才最终弄明白了元素究竟是什么，并把它们一个接一个地填进表里。在早期的探索过程中，每一个新的知识点，几乎都是在瞎子摸象般的尝试下获得的。

美国《独立宣言》的签署人之一本杰明·拉什医生，曾一直把水银当泻药使用。1793 年费城黄热病肆虐期间，拉什医生英勇地坚守孤城，照料病人，然后，给他们喝一种含有汞的溶液。

拉什医生的“雷霆猛药”也许害死了许多原本会被黄热病放过的人，但我们不能用今天对汞的认识来责怪昨日的他。

在人们真正了解到水银的可怕之前，这种迷人的物质凭着它既是液体、又是金属的奇特形态和银色的美丽外表，迷惑了不少人，其中包括中国古代的炼丹者，他们认为服用水银能够长生，被汞毒死的帝王也不在少数。

元素周期表上比汞的位置更靠右的铊、铅和钋，才是更加可怕的杀手。被称为“毒药之王”的铊，身后的每个故事都让人毛骨悚然，它经常被用来毒杀间谍。

印度“圣雄”甘地和碘的曲折纠葛，肯定了化学元素在政治史上的一席之地。

1930年，为了对英国人赋予的沉重盐税表示抗议，甘地领导印度人民进行了一场著名的“食盐长征”。他跋涉近400千米走到海边，捧起一抔富含盐分的泥土，鼓励大家拒绝向英国人缴纳高额的盐税。17年之后，印度获得了独立，而食盐是当时为数不多他们能够自己生产的商品之一。

唯一的问题是，印度的土壤里缺碘。

在20世纪初，碘对健康的重要性得以普及，然而在许多印度人心中，西方人推行的加碘盐成了殖民主义的象征。此后将近90年的时间里，印度政府推行加碘盐的努力，始终遭到印度民族主义者和甘地主义者的强烈反击，一些怀疑论者甚至毫无根据地担心加碘盐会传播“坏脾气”。

比起政治，化学同货币的关系更为久远，也更加牢靠。当黄金这种金属取代了贝壳和牲口，成为一般等价物的时候，人们看中的是它不会“招蜂引蝶”的好性情——黄金不会同别的元素键合，也不需要费力提炼。至今，人们都没有找到比它更稳定、更适合做货币的东西。

化学和元素就这样与人类生活交互作用。一张巴掌大小的元素周期表上，承载着我们能够看到、摸到的一切事物。“这张表格是人类伟大智慧的结晶之一。”山姆·基恩在书中写道。

对我来说，这张表格是化学课本上那一长串需要按顺序背下来的生僻字以及它们对应的化学符号。恐怖的记忆会持续多年，以至于像我这样的文科生，也能在离开课堂十多年后，背得出“氢氦锂铍硼，碳氮氧氟氖”。

·摘自《读者》（校园版）2017年第7期·

听严肃音乐，为何会昏昏欲睡

麦　琼

听音乐，特别是纯器乐（严肃音乐），常常有人发出“听不懂”的抱怨。

主要的原因是音乐审美的不充分。没有真正体会到音乐的美，当然无法培养起欣赏的乐趣，进而养成文化习惯。

审美的不充分，简单来说就是没听够，对音乐的审美认知和体验不足。

首先表现为听的时间不够，或者说是次数不够。由于音乐是抽象的艺术，对审美的要求有一定的特殊性，反复聆听是必须的，只有充分的聆听才能达到审美效果，也只有引起重复聆听兴趣的音乐才是有价值的音乐。一般而言，声乐作品的歌词可以在审美中作为理解和记忆的“抓手”，一般的器乐作品无法借助音乐之外的理性符号来让听者理解。也就是说，音乐的审美几乎没有什么方法，除了听还是听，要认真听、用心听、反复听。

所谓的熏陶，说的也是这个意思。

当然，听音乐还是要遵循一定的规律。没有受过专业训练的一般人，审美注意和审美耐心就是一首歌的时间（3~5 分钟）。早期唱片工业储存声音的时长是 3 分钟，这也是流行歌曲约定俗成的时间，具有天然的合理性。古典时期的乐曲在时间上一般也是遵循着 3~5 分钟的自然时限。

然而，专业音乐的发展致使音乐结构的复杂性增加，追求越来越丰富的表达。所以，听众需要专业的引导。人们常常感叹听不懂音乐（主要是严肃音乐，包括古典音乐），主要是因为听众与职业作曲家之间存在天然“落差”，而我们的音乐教育又没有很好地填补二者之间的落差，那么人们常常感叹曲高和寡也就不足为怪了。

审美的不充分，也可能是因为听不进去。为什么听不进去？也许是实在不好听，听着听着就厌烦、走神、昏昏欲睡。普通人虽然难以评判作品的优劣高低，但优秀的经典作品都经过了时间的考验，所以问题不在音乐上，而可能出在聆听的环境和聆听主体的惰性上。不好的环境，确实不利于对音乐的充分审美。因此，听音乐提倡到音乐厅里正襟危坐地欣赏，培养积极的态度和习惯。次一点的条件，是在视听室或者音乐教室聆听，有一种仪式感。

对于一般听众而言，在音乐厅里一次性地专注聆听也许可以得到强烈的体验，但是未必意味着能有充分的审美。也许很快就会淡忘音乐本身，只留下对周遭环境的记忆。尤其对于之前没有接触过的作品，充分的审美是懂得作品的前提。这是音乐的特殊性，也就是达·芬奇所说的音乐艺术的缺陷。

所以，充分的审美还需要反复聆听。互联网时代，人们虽然能轻易获取音乐资源，但仍然要有这种认识和付出时间的意愿，才能培养充分的音乐审美。

·摘自《读者》（校园版）2020 年第 3 期·

海里的盐从哪里来

【美】珍妮弗·莱曼
许燕红 编译

海洋中盐的平均浓度在35‰左右。如果提取海洋中所有的盐并将其平铺在地球的陆地上，厚度约为152米。这么多盐是如何到海里去的呢?

这要感谢陆地上的岩石。

雨水中含有少量来自大气的溶解二氧化碳。这种微酸的雨会侵蚀陆地上的岩石，并将矿物质和溶解的离子（包括氯离子和钠离子）通过河流和溪流送入海洋。这些离子构成了海洋中所有溶解离子的90%以上，是造成海水有咸味的原因。

根据美国国家海洋和大气管理局的数据，河流在将盐和其他矿物质输送到海洋的过程中发挥了重要的作用，每年会将大约2.25亿吨溶解固体注入海洋。

此外，盐还可以通过深海热泉渗入海洋。这些喷口将溶解的矿物质注入大海。随着海水渗入海底岩石并逐渐靠近地球核心，海水开始升温。然后，它又以深海热泉的形式涌出，返回表层。

·摘自《读者》(校园版) 2020年第5期·

什么使得海洋里波浪翻滚

海伦·泽尔斯基
杜　冰　编译

下次喝热饮时，你自己也可以掀起点波浪来。轻轻地从容器一侧向饮料的表面吹气（就像你想让它凉下来一样），你会看到涟漪从容器一侧泛起，并向另一侧传递。你吹出的空气一路推动着液面，波浪因此不断变大。

现在，想象你能不断地将气吹到上百英里（1 英里约为 1.6 千米）远的地方（这可需要有个巨大的肺呀！），波浪将会越来越大——这正是海洋上发生的情形。风推动着水，浪不断地增大。由于海洋辽阔，风又能推着水走上几百英里远，所以波浪能变得巨大。波浪大到一定程度就会破碎，变成无数的泡沫。那正是波浪的归宿。

如果波浪不破碎，它们就会一路穿过海洋，有时可以走上几千千米。到达海边时，随着水越来越浅，波浪便只能破碎了。所以，一道海边破碎的波浪，很可能几天前就已经出现在遥远的海域上。

·摘自《读者》（校园版）2020 年第 5 期·

为什么下雪后整个世界变得静悄悄

狗格格

雪有静音效果的真正原因基于物理学：雪花本身的形状以及它落下后形成的雪堆。

来自肯塔基大学工程学院的大卫·赫林教授表示："雪的结构很独特，多孔多缝，像纤维和泡沫一样，而多孔的材料一般具有很好的吸音效果。"

我们能听到声音，是因为声波反射进入人耳。而当雪花堆积起来的时候，其间会有很大的空隙。

声波在雪花堆里被多次反射，导致能量损失大半，反射出来的就会变少，因此，人耳几乎听不到什么声音。

雪下得越大，雪堆就会更蓬松，间隙就会更大，吸收声音的作用就会越强。除非刮大风又下大雪，你才会听到"雪的声音"。

雪花落下覆盖住汽车和房屋，就像一团会消音的大棉花包裹住了城市噪音的来源。大卫·赫林表示，吸音作用的评价系数是0~1，而雪的吸音系数则是0.5~0.9。

“这意味着雪能吸收大部分声音。”大卫·赫林解释道。

虽然人耳听不到，但对那些能听到下雪声音的动物来说，比如狼、蝙蝠和鸟类，可就不像交响乐那么优美、有意境了。下雪时，它们通常都得退避三舍。

但是，当雪停之后，车轮碾在雪泥上、靴子踩在冰面上，城市中的噪音又回来了，音量甚至变得更大了。

这是因为，虽然松软的雪堆具有优秀的吸音效果，但如果地面上的雪融化后结了冰，情况就会发生变化。凝结的雪泥和冰面反射声波的能力很强，所以声音就会更清晰，传播得也会更远。

直到下一场雪来临，世界才会又安静下来。

·摘自《读者》(校园版)2020年第5期·

语言的性格

冒茜茜

一个可以自由切换法语和美式英语的人说，她觉得在使用英语的时候，无论快乐或悲或悲伤，情绪明显更容易激烈，而且特别容易斗志昂扬、信心十足。但在使用法语的时候，似乎就会更克制，更容易“丧”，极少在别人面前表现得兴高采烈。当她带着她只会说法语的老公第一次去美国的时候，她老公一口咬定她和街边餐馆的服务员是“老朋友”：“不然她怎么可能对你那么热情？”

我不懂法语，所以无从考证，但据看了很多法语电影的朋友说，同样程度的情绪，在法语电影里确实表现得更含蓄一些。我反驳：“英国人也讲英语，怎么英剧里面也四处弥漫着克制内敛的情绪呢？”朋友回答：“那是因为调子不一样。当你使用字正腔圆的英式口音时，你不由自主地就正式、保守起来，好像随时可以表演莎士比亚戏剧里的大段独白一样；而当你使用短平快的美式口音时，你似乎就置身于纽约这样自由多元的大都会之中，每个人对自己都特别满意，都确信明天会有更好的事情发生。”

不得不承认，这个说法有点道理。比如，大部分的中国北方方言和普通话的主要差别就是在音调上。但即便只加一点方言气息到标准普通话里面，也会令人觉得性格大不相同。在厦门，中山路上每家小吃店的老板娘，都让我觉得特别婉约。简单一句“小心烫哦”，只是加了一个本地口音的“哦”字，就生出了很多温柔。而湖南口音，特别是由男性讲起来时，那拖得长长的音调，似乎就包含着一种说一不二的干脆与无惧。至于东北话，由于易于模仿又颇具喜剧效果，则成了全国人民逗乐子的语言。比起“干哈呢”和“咋地啦”，我更中意“哭得嗷嗷的”——特别有场面感而且莫名的豪放。

只是音调的差异，所代表的情绪、氛围都如此不同，不同语言之间的差异只会更大。我们觉得法语暗含暧昧甜蜜，德语铿锵有力，西班牙语热情似火，俄语硬汉味十足，日语柔顺乖巧，这些并非只是私人感受，而是有学术支持的。按照“沃尔夫假说”，在不同文化中，不同语言所具有的结构、意义和使用等方面的差异，在很大程度上影响了使用者的思维方式。

除此之外，使用母语和第二外语甚至第三、第四外语也是有区别的。西班牙学者发现，在进行逻辑测试时，使用非母语的人比使用母语的人犯的错误要少一些。因为我们在使用第二外语时，大脑需要进入一个更加专注的运行模式以进行语言转换，思考会更加刻意和深入，而母语则与我们大脑中负责情感的部位关系甚密。

·摘自《读者》（校园版）2020 年第 6 期·

星座究竟是什么

SHAO 科学传播团队

天文学家眼里的星座,可不是指“天蝎腹黑,巨蟹敏感,天秤优雅……”的那些星座。人们最初划分星座，可能只是为了确定方位，认识星空。你不知道的是，在正式的国际标准星座划分中，除了你熟悉的猎户座、白羊座，竟然还有圆规座、望远镜座……

星座究竟是什么？天文学家拿星座做什么？星座跟我们的命运真的有关系吗？一起来探索吧。

每个古代民族都有自己的星座

古时，人们为了认识星空，确定方位，便以比较亮的一些恒星为基础，把天空分成了许多片小区域，每一片区域就是一个星座。

星座的名称源于古人的想象，古人还借此编织了许多动人的故事。几乎每个古代民族都有自己的星座划分。

我们平时所说的生日星座，又叫黄道星座，是指黄道（太阳在一年里相对于恒星背景走过的路线）经过的一些星座。它们来自古巴比伦、古希腊的星座设定。在公元 2 世纪的时候，古希腊天文学家托勒密综合前人的成果，对南天极附近以外的天空做了系统划分，确定了 48 个星座。大家比较熟悉的猎户座、大熊座、仙女座、天鹅座、人马座、白羊座在那时候便产生了。

15 世纪“地理大发现”时代，欧洲的航海家越过赤道，绕过非洲南端，观察并记录了南天极附近的恒星，并逐渐设置了新的星座。有些新的星座还是用科学仪器来命名的，比如圆规座、望远镜座、显微镜座等。

所以，如今的国际标准星座，除了有 1930 年国际天文学联合会设置的古希腊星座，还加上了新设置的，共计 88 个星座。

中国古代也有自己的星座设定，我们可以统称为“三垣四象二十八星宿”。“三垣”指的是北天极附近的区域，紫微垣、太微垣、天市垣；“二十八星宿”是中国古代尤其是中原地区所见的除三垣以外的星区，“二十八星宿”又分成 4 组，以动物命名，每组 7 个星宿，分别和东南西北方向对应，即为东方青龙、西方白虎、南方朱雀、北方玄武。

在学习中国古代文化的时候，我们经常会遇到星宿的名字。比如《诗经》里“维南有箕，不可以簸扬。维北有斗，不可以挹酒浆”，说的就是箕宿和斗宿；杜甫诗里的“人生不相见，动如参与商”，参与商指的是参宿、商宿，商宿也叫心宿。

天文学家也讲“星座”与“星宫”

对天文学家来说，星座有两种基本作用：一是用来描述天空的方位，因为天空一直在旋转（地球在自转嘛），要准确描述星空，尤其是讨论日月星辰的运动规律，就得用星座来描述它们的位置；二是用来判断时间、季节，计算历法。我们所用的时间（年月日时分秒）都是从天文规律里来的，尤其是在古代时，观测日月星辰的位置，提供准确的时间，是天文学家的基本工作。

在远古的时候，古人就知道根据某个星座的出现方位来判断季节。在中国，古人依据入夜后北斗七星斗柄的指向判断当时的季节："斗柄指东，天下皆春；斗柄指南，天下皆夏；斗柄指西，天下皆秋；斗柄指北，天下皆冬。"

全天恒星相对位置是不变的（所以叫"恒星"），所以也可以根据其他亮星、星座的出没时间来判断季节。古希腊神话中室女座的故事、中国民谚"二月二龙抬头"，就反映了通过观察星座确定季节"观象授时"的传统。

国家担负着计算和颁布历法的任务，天文学家就必须掌握太阳、月亮的运行规律，也就是它们在星座里的位置，由此计算出未来精确的时间，从而编制成古代各民族的历法。

因为恒星的分布是不均匀的，所以中西方的星座也是大小不一的。

从古巴比伦时代开始，天文学家为了方便起见，又把黄道一圈 360°平均分成了 12 份，每一份称为一个星宫，就是我们熟悉的"黄道十二宫"。这样一来，在描述日月行星的位置时，就可以用它在星宫里的坐标来说，比如"太阳在春分时进入白羊宫"，其他天文学家就能明白太阳的具体位置。

所以，今天我们所说的星座，实际包含了天文学上两个概念，一个是抬头可见的星座（constellation），一个是用作坐标系统的星宫（sign）。它们都是天文学家确定天空方位的工具，这两个概念有联系也有区别。

星座占卜跟我们的命运并没关系

说到星座，就不可避免地要提到占星术，它也叫星座占卜，就是我们常见的各类“星座运程”。这类占星术通过人们生日星座和黄道十二宫来判断每个人的个性、运程，还有更复杂一些的玩法，涉及上升星宫、下降星宫、月亮和各大行星所在的星宫。

中国古代也有占星术，一般称为军国占星术，就是只能用来预测封建朝廷和帝王将相的命运，普通人只能用生辰八字来占卜。

今天我们知道，无论星宿、星座、星宫，都是天文学家确定日月星辰位置的坐标工具，跟我们的命运并没什么关系。占星术其实是古代的一种错误认识。

可反过来说，占星术也有那么一点点价值，那就是古人之所以研究和相信占星术，实际上是提出了一个问题：我们头顶上这片神秘的星空，跟我们究竟有什么关系？只是占星术为这个问题提供了一个错误答案，而真实的答案其实在现代天文学里。

到 20 世纪，天文学家才发现，包括太阳在内，每一颗恒星都有演化过程，恒星燃烧还创造出了我们身边熟悉的碳、氮、氧等元素。某颗恒星生命结束之后，抛洒出的尘埃再度形成了太阳系，包括地球和构成我们自身的物质。所以，我们和宇宙的真实联系，已经被天文学家找到了：我们都是恒星的尘埃。构成我们身体的物质都曾经在某颗或者某几颗恒星里，是通过恒星演化、爆炸，聚集到地球上来的。

所以，学习科学，理解宇宙星空，也是理解我们自己。

·摘自《读者》（校园版）2020 年第 7 期·

颜色也有“潜规则”

【日】原田玲仁

郭　勇　编译

你见过穿蓝色衣服的圣诞老人吗

留着长长的白胡子、穿一身红衣服的圣诞老人是圣诞节不可缺少的角色。据说圣诞老人是一个名叫圣·尼古拉斯的圣人，每年的12月，他都会给孩子们分发礼物。后来，人们以圣·尼古拉斯为原型创造出圣诞老人这一形象。

不过，圣诞老人最初并没有固定的服装。据资料记载，之前还出现过穿蓝色衣服的圣诞老人。到了1931年，美国可口可乐公司为满足品牌宣传的需要，在圣·尼古拉斯祭祀服的基础上为圣诞老人设计服装，并把公司的形象色——红色，作为圣诞老人衣服的颜色。由于可口可乐公司的大力宣传，穿红色衣服的圣诞老人形象从此火遍全球。

高速公路的隧道中为什么用橙色灯照明

在高速公路上的隧道中，使用橙色的灯进行照明，你知道是为什么吗？与白色灯和蓝色灯相比，橙色灯照射的距离更远，有利于驾驶员看清前方的路况和车辆。这种橙色照明灯学名叫钠灯。

橙色灯有一个特点，那就是即使有尘埃或雾气等阻碍，一样可以照射到很远的地方。再者，橙色属于暖色调，不会使人犯困——如果驾驶员在隧道中打瞌睡，那可就太危险了。现在你该明白了吧，隧道中使用橙色灯进行照明主要是出于安全的考虑。

保险柜为什么多是黑色

从出现的那一天开始，保险柜就多是黑色的。我们常见的财会人员保管的保险柜也是深墨绿色。这是为什么呢？

为了防止被盗，保险柜都要有无法被轻易破坏的构造，还必须尽可能地加大它的重量，使之无法被轻易搬动。而白色和黑色在心理上可以造成接近两倍的重量差，因而使用黑色可以大大增加保险柜给人的心理重量，从而有效防止被盗。

什么颜色的被子更催眠

一提到被子，我们首先想到的是白色。白色不仅看起来干净整洁，还有催眠的作用。当然，被子也有其他颜色，不过最常见的还是淡蓝色、米色等很浅的颜色。这是为什么呢？

其实道理很简单，想象一下，如果盖着深红色的被子睡觉，人的血压会不断升高，精神也会跟着紧张起来，还怎么睡呢？因此，被子切忌使用令人清醒的颜色，镇静效果显著的淡蓝色等比较浅的颜色才是上上之选。

此外，被子最好也不要有太多的图案和花纹，以单色为佳。有人说，睡觉时都闭着眼睛，被子的颜色能有什么影响呢？其实不然，肌肤对色彩同样有感觉，和我们用眼睛看是一样的效果。因此，即使我们闭上眼睛睡觉，还是会受到被子颜色的影响。

·摘自《读者》（校园版）2020年第9期·

颜色爱捣乱

周林文

如果请你从下面这些词中找出颜色为蓝色的词，你在第一时间选择的是哪一个词？你选对了吗？

红色　　蓝色　　黄色　　绿色　　灰色

奇怪的斯特鲁普效应

如果你选错了，那么恭喜你，你和这个世界上的大多数人一样，更注意词的意思,而不是它们的颜色。尽管明知道是要找出颜色为蓝色的词，但我们还是会被词的意思干扰。其实不只是蓝色，你同样可以试试找出红色、黄色等其他几个颜色，反正还是会犯一样的错误。这就是斯特鲁普效应。1935 年，美国心理学家斯特鲁普发现了这个现象，所以，该效应就以他的名字来命名。

斯特鲁普做了一个词汇表，这个表里的词的意思和字体颜色都是相冲突的，就像上面的例子一样。他发现让人们找出 100 个这样的词平均要花 110 秒的时间。相比之下，如果把词汇换成实心的彩色正方形色块，人们平均只需 63 秒就可以正确地找出对应色块。二者之间 47 秒的差异被叫作斯特鲁普效应干扰量或斯特鲁普效应量，也就是斯特鲁普效应的影响力——它干扰人们做出正确选择。有研究表明，不同年龄的人排除干扰的能力是不一样的，老年人在这方面要弱于年轻人，更容易被斯特鲁普效应影响。

大脑内的“赛跑”

根据斯特鲁普效应进行测试，现在是心理学家的最爱。心理学家设计了一个小游戏：电脑屏幕上每过一会儿就会闪现出一个颜色和意思相冲突的词，参加测试的人要用最短的时间指出词的意思所表示的颜色。这样可以考察人们的专注力和反应速度。你必须注意力十分集中才能答对。

为什么会有这个现象呢？这缘于我们大脑里的一场“赛跑”。当我们的眼睛看到字体的颜色和词的意思的时候，词的意思和字体颜色这两个不同的信息就会沿着视神经传递到大脑皮层。于是这两个互相冲突的信息就开始“赛跑”，看谁能够率先从视网膜“跑”到大脑的视觉皮层，成功地引起我们的注意。人类在语言出现之后经过漫长的进化，已经更习惯于阅读文字、理解文字的意义了，所以这场赛跑从一开始就不公平，词的意思总能够跑在颜色前面，抢先引起我们的注意。反过来说，如果我们要在斯特鲁普效应测试的时候做出正确的选择，就不能被词的意思干扰，把注意力集中在字体的颜色上，因为这是一个让人感觉很别扭的测试。

“冷战”时的间谍测试

正是因为斯特鲁普效应测试很别扭，所以它有一个特殊的用途。在“冷战”期间，苏联派出了许多间谍，他们长期潜伏在美国等西方国家。这些间谍都经过了特殊的训练，并且在美国生活多年，不但英语流利，而且熟悉当地的风土人情，甚至还有了浓重的当地口音。他们混在普通美国人当中，拿着美国护照，使用英文名字，以假乱真。间谍们平时都有正式的职业，只有在接到苏联情报机构的指令后才会开始行动。他们潜伏得很深，这令美国中情局十分头疼。不过斯特鲁普效应测试可以找到间谍们的破绽。我们习惯于阅读文字，特别是自己母语的文字。母语的影响总是根深蒂固的，一个人即便外语流利，在使用外语时和使用母语时还是有差别的。于是中情局特工在审讯间谍嫌疑人的时候，就给他们做俄文的斯特鲁普效应测试，比如说 красный 在俄语里是红色的意思，却用绿色的字体来表示。普通美国人看不懂俄文，可以毫不犹豫地说出字体的颜色。而那些苏联特工就要难受了，他们总是会被词的意思影响，即使注意力高度集中，还是会有一瞬间的迟疑。这一迟疑就体现在最后的测试结果上，他们一般会慢 47 秒，于是特工的身份就暴露了。

斯特鲁普效应的不同形式

其实斯特鲁普效应除了在词的意思和字体颜色相冲突时出现，还会以其他形式出现。比如在东欧的阿尔巴尼亚，人们在表示肯定的时候会摇头，在表示否定的时候会点头。这跟我们所习惯的动作恰恰相反，于是初来乍到的人会很难受，即使知道当地人的这种习惯，也经常会犯错，在和当地人的交流中经常不知道是该点头还是摇头，造成很多误会。

可是为什么斯特鲁普效应会出现在身体动作上呢？这就要说到人类语言的起源。在远古时代，文字还没有出现，人们之间的沟通主要是通过肢体语言，再加上一些简单的叫声。于是我们的大脑就养成了辨别和“阅读”别人的动作的能力。人的大脑的不同部位有不同的分工，大脑皮层上有一个部位专门负责解读别人的肢体语言，这就是大脑最早的“语言区”。后来文字出现了，可是人们还是习惯于用大脑的这个语言区来阅读文字。也就是说，我们阅读文字和理解肢体语言所使用的是大脑皮层上的同一个部位，这就是斯特鲁普效应同样适用于身体动作的原因。

·摘自《读者》（校园版）2020 年第 11 期·

山水画为何多见渔夫不见农夫

月白釉

山水画是从宋代开始取代人物画成为主流的。随着北宋科举制的完善，士大夫主宰了宋代及之后的艺术文化。山水画作为一种更能反映他们精神境界的主题，受到追捧。

古代中国是农业社会，为何中国山水画中多见渔夫却不见农夫？日本汉学家宫崎法子认为，这样的选择是具有深意的。在中国文学或哲学传统中，在《楚辞》《庄子》的影响下，渔夫俨然一种不拘泥于现实世界、不被任何东西束缚的存在，代表了逸世和桃花源的理想。而不同人笔下山水画中的渔夫又不完全相同。

北宋郭熙的《早春图》，是在神宗皇帝的要求下创作而成的，可以说是一幅表现北宋理念的水墨山水画。画面下方出现的渔夫一家，过着朴素却很知足的生活。这像是预示一个桃花源般的理想世界，这个世界正是在当时的统治下构建的，画中的早春季节即传递出一种面向未来的希望。

南宋马远的《寒江独钓图》中，渔夫脸上则不带一点快乐，反而透露出超尘出世之态，严酷的冬季更为其赋予某种意味。这样的渔夫形象似乎寄托了一种孤高的精神。

值得一提的是，正是渔夫的出现，才让山水画不止于风景，而使其成为一个文雅的世界，一个有精神深度的艺术空间。

· 摘自《读者》(校园版) 2020 年第 9 期 ·

牙齿也属于骨头吗

王海山

人体中最硬的器官是什么？大家肯定都知道是牙齿。中医典籍中常说“齿为骨之余”，把牙齿和骨头归为同类。那么，牙齿真的是骨头吗？

事实上人体的206块骨头中并不包含牙齿，所以牙齿不是骨头。牙齿和骨头都是白色的，并且都很坚硬。但二者相比，牙齿比骨头要硬得多。二者都含有大量的钙物质，很多人容易把牙齿当作最小的骨头，其实二者有很多本质上的区别，二者的来源、形成过程、钙化程度和组织结构都不相同。

第一，人一出生就有206块骨头，但牙齿是在人出生几个月后才长出的，我们称此时的牙齿为乳牙。等到六七岁时，乳牙逐渐松动掉落，逐渐长出恒牙。另外，骨头表面除了关节的表面，都包裹着一层薄薄的骨膜。骨膜是保护骨头的“功臣”，一般骨头受到损伤或者断裂后，骨膜中会大量地分裂造骨细胞，用以补充受损的空出区域，使受损的骨头得以恢复。

牙齿则不同，它的最外层是牙釉质，我们常称它为“珐琅质”，它的硬度甚至超过了钢铁。虽然它坚硬无比，但是也有受损和断裂的情况。牙齿的齿冠受到损伤后是无法自我修复的，因为它没有神经和血管，无法再生。牙齿出现了断裂，一般只能通过手术修复，如果受损严重，则只能拔除。成年后，人的牙齿如果掉落，就无法再次长出新牙，只能通过补牙或者种植牙的方式弥补，不过牙齿内部的牙本质有再生功能。

第二，骨头中虽然含有钙、磷、钠等成分，但是它的重要组成物质是胶原蛋白。牙齿则主要由钙、磷和其他物质组成。

第三，骨头中有骨髓，骨髓的造血干细胞能通过分化，生成红细胞、白细胞、血小板和淋巴细胞等。所以说骨头的骨髓有强大的造血功能，骨头通过骨膜与骨髓的动脉得到供血。

牙齿内有牙髓，但牙髓的功能和骨髓完全不同。牙髓内有动脉、静脉、淋巴管和神经等，牙髓没有造血功能，它的作用是造牙本质。当牙冠某一部分产生龋齿或者受损，它可以在相应的牙髓腔内壁形成牙本质层，这就是牙髓的保护性反应。当然，牙神经的存在和骨神经一样，能感知病痛，如果人上火或者产生龋齿，当吃的食物较冷或者较热时都会感到牙疼。

第四，这是最重要且最直观的区别，牙齿的一部分是裸露在皮肤外面的，而骨头是被皮肤紧紧包裹的。

·摘自《读者》（校园版）2020年第12期·

“滴答”“滴答”，学问很大

张　涛

下雨时，水滴落到装满雨水的水缸或水桶时发出的声音，想必大家再熟悉不过了。为什么水滴落入水中时的声音如此响亮，而滴落到地面上时却几乎听不到？其实早在1908年，科学家就对此进行了研究，但一直没有令人满意的研究结果。幸运的是，2018年，研究人员有了更精良的装备来解答这一问题。

这套装备包括每秒能拍摄7.5万张图像的超高速相机（一部高性能的智能手机每秒仅能拍摄不到1000张照片）以及一套高灵敏度的音频设备。研究人员将这一套高科技设备固定在一个再简单不过的实验装置——一个装满水的水槽周围，水槽上方还有一个正在滴水的水龙头。随后，他们进行了观察和记录。一切变得一目了然！水滴落下时，并非因为撞击才发出“滴答”声。换言之，传递给周围空气的声音，并非源自水滴和水槽中水的碰撞！

碰撞是在无声中进行的，“滴答”声的产生则是由于当水滴即将到达水槽的表面时，冲击正在回弹的空气，使得一个气泡空腔出现。气泡空腔会振动，其形状在几微秒内不断变化。而振动现象在水中扩散，使最靠近气泡的水面也开始振动。水面就像扬声器的音膜，将自身振动传递给了周围空气。于是，振动的空气产生了声音。没错，就是在这一刻，麦克风记录下了声音。研究人员由此得出结论：水龙头滴水的声音并不是水滴造成的，而是气泡在“作祟”。

那么，该如何消除滴水声呢？研究人员找到了解决方案：在水槽中加入几滴洗洁精即可。借助超高速相机，他们观察到，在加入洗洁精后，气泡空腔回弹时就不会留下小气泡。为什么呢？这个问题解释起来有些复杂，简单来说是因为洗洁精的加入降低了水面的弹性，使得气泡空腔回弹时没有形成造成空气滞留的狭窄部分。

·摘自《读者》（校园版）2020 年第 12 期·

背景音乐经济学

【日】原田铃仁

郭　勇　编译

我们会在无意间受到某些东西的影响，音乐就是其中之一。美国芝加哥洛约拉大学的罗纳尔多·米里曼教授曾经在超市中进行过一项实验，研究背景音乐对购物者行为的影响。首先，他在超市内的两个点之间测定顾客的移动速度，结果发现超市中背景音乐节奏的快慢对购物者步行速度是有影响的。背景音乐节奏快的话，购物者的移动速度也比较快。当背景音乐的节奏比较慢时，购物者的平均购物率会增加38%。由此可见，背景音乐对顾客的影响是相当大的。但是，顾客本人根本没有意识到背景音乐会对自己造成什么影响。

从这项实验结果我们可以看出，商家可以通过控制背景音乐来控制商场的人流量和顾客的购物额。如果商家想增加商场的人流量，那么播放快节奏的背景音乐比较有效。反过来，如果商家想提高销售额，那就应该播放慢节奏的背景音乐，以延长顾客在店内的购物时间，增加他们的购物额。还有人在餐饮店进行过类似的实验，同样证明顾客的吃饭速度和食量也会受到背景音乐的影响。如果背景音乐节奏快，顾客吃饭的速度就会加快；如果背景音乐换成慢节奏的乐曲，那么顾客吃饭的速度就会降下来，食量也会增加。

顺便说一下，还有研究结果证明，在快节奏背景音乐的影响下，人容易做出带有风险性的选择。以前，日本的弹子游戏机房中经常播放《军舰进行曲》，可能就是因为老板发现了背景音乐的奥秘。鉴于快节奏的音乐能够激发人们过剩投资的心理倾向，所以，播放快节奏乐曲的弹子游戏机房就是一个非常危险的地方。当你在弹子游戏机房中头脑发热的时候，最好先出来休息一下，远离快节奏音乐的干扰。

·摘自《读者》（校园版）2020 年第 13 期·

数学不好，还怎么玩球

七　君　编译

现在数学不好，真的踢不好球。有一支球队，拥有47座重要比赛的冠军奖杯，是英格兰足球俱乐部之冠，也是赢得欧洲冠军联赛冠军次数最多（共6次）的英格兰足球俱乐部。

它就是球员数学超棒,至少有5名数理博士坐镇的利物浦足球俱乐部。当然，利物浦足球俱乐部也有一段数学不好的时期。但是在用数学改造之后，它迅速逆袭了。

在21世纪初，许多足球俱乐部都被卖掉了，利物浦足球俱乐部也是一样。截至2010年,利物浦足球俱乐部已经20年没有摸过英超的奖杯了。在这样的背景下，2010年，利物浦足球俱乐部被卖了，靠研发预测大豆市场波动算法走上致富之路的期货和外汇交易员亨利买下了利物浦足球俱乐部，决定用数据改造这支队伍。

2012 年，亨利把一个重量级的数据分析师格林汉姆——剑桥大学高分子物理学博士后纳入麾下，由此开启了他的事业。格林汉姆的数据分析相当强势，他在教练和运动员选秀的过程中拥有一票否决权。利物浦足球俱乐部的球员纳比·凯塔曾表示：“有人在给利物浦足球俱乐部介绍球员的时候，该俱乐部要先用格林汉姆的数据分析模型检验一遍，如果模型显示不可以，那么该俱乐部就不会签这个人。”

2012 年，加入利物浦足球俱乐部时，格林汉姆的主要任务就是分析巴西球员菲利佩·库蒂尼奥是否有购买的价值。在一系列分析之后格林汉姆发现，这个“小哥”的性价比很高，于是就签下了库蒂尼奥。过了一段时间，库蒂尼奥升值之后，利物浦足球俱乐部又把他卖掉了。利物浦足球俱乐部因此赚到了大笔溢价，这才有钱买下维吉尔·范迪克、阿利森·贝克尔和法比尼奥这些估值偏低的球员。在格林汉姆的推荐下，2017 年 6 月，利物浦足球俱乐部签下了萨拉赫。在为利物浦足球俱乐部效力的第一个赛季，萨拉赫便打破了英超的进球纪录，进球 32 粒，成功帮利物浦足球俱乐部上位。

除了顶梁柱格林汉姆，利物浦足球俱乐部的体育总监迈克尔·爱德华以前也是数据分析师。利物浦足球俱乐部的其他科学家还包括从英国卡迪夫大学以一等荣誉学位毕业的天体物理学家蒂姆·沃斯科特、毕业于哈佛大学的威尔·斯皮尔曼、世界青年国际象棋锦标赛冠军达菲德·斯蒂尔。

蒂姆·沃斯科特曾为欧足联欧洲联赛做过软件开发和统计分析。达菲德·斯蒂尔本科学的是数学，曾在能源部门工作。威尔·斯皮尔曼以前学的是高能物理，曾在欧洲核子研究中心工作。在这些数据分析师的助阵下，格林汉姆如虎添翼。利物浦足球俱乐部取得了2018—2019赛季欧洲冠军联赛冠军，赢得了国际足联俱乐部世界杯和欧洲超级杯冠军。

当然，赢并不是关键，关键是赢得“壕”。在本赛季，利物浦足球俱乐部目前领先第二名两位数的积分，在前27场比赛中一场都没有输，控场能力相当惊人。

2020年1月12日，利物浦队对阵托特纳姆热刺队，比赛进行87分钟的时候，进入白热化，足球在赛场上疯狂“暴走”，全体观众心情忐忑。

然后令人迷惑的一幕出现了，利物浦队根据后方提供的数据，在球场中形成了一个马桶阵形，成功抵挡了对手的进攻，让利物浦队连续6场比赛一球未丢。可以确定的是，利物浦足球俱乐部搜集了海量的数据，用来决定哪些球员该在哪场比赛中踢哪个位置，使用哪种策略更有机会赢。

沃斯科特介绍，他们会搜集每场球赛中每次球员和足球接触的数据。而在英超的比赛中，他们还能得到额外的追踪数据，因为赛场周围有一圈监控摄像头，它们可以以每秒25帧的速度实时记录球员和足球的运动轨迹，一场球赛下来就有150万个数据点，这就是球场控制的主要数据来源。沃斯科特说：“通过分析射门的位置以及成功率，就可以对未来类似的情况进行统计预测。”根据这些统计数据，球员就知道自己在什么位置射门更容易进球。

当然，平时运动员的训练数据也能派上用场。球员在训练的时候，会背上一个带有GPS的小背包。GPS会记录球员训练时的运动距离、速度和加速度等数据。这些数据将被用来分析球员，优化他们的训练，提升他们的表现。

利物浦足球俱乐部的口号是："你永远不会独行。"没想到，这句话居然在原本最不可能组成CP的体育特长生和理科尖子生身上应验了。我们看完利物浦足球俱乐部的故事才明白，只有学好数学才能玩好球啊！

·摘自《读者》(校园版)2020年第16期·

打乱魔方那点儿事

袁则明

魔方是匈牙利建筑学教授、雕塑家厄尔诺鲁比克于 1974 年发明的机械益智玩具，被称为“鲁比克魔方”，共有 26 个方块，我们习惯上称之为三阶魔方。

在三阶魔方比赛中，最快的选手只需几秒钟，就能将打乱的魔方复原，从而完成比赛。那么，有人会问：“每一个魔方要打乱到什么程度，才能做到公平、公正呢？”如果某位选手的魔方只是被简单地打乱，选手只需三五步就能复原，而其他选手的魔方很乱，需要很多步才能完成，比赛显然有失公平。犹如 100 米赛跑一样，如果起跑时不在同一条起跑线上，比赛自然就失去了意义。

魔方比赛是否也要有一条绝对公平的“起跑线”，把所有的魔方都打乱成一模一样的形式呢？这当然是不太可能的。三阶魔方虽然只有 26 个方块，但拥有约 43 万兆（1 兆等于 100 万）种不同的组合状态。要想把所有的魔方都打乱成相同的一种随机状态，是很难也是很耗时的，更何况每场比赛魔方的打乱程度不可能一样，否则，产生的纪录也就失去了意义。

所以，在比赛中，魔方的打乱程度应该有一定的步数限制。根据数学家戴夫·拜耳等研究出的“鸽尾式洗牌”方法，一副扑克只要洗 7 次，就足以被打乱。而对于简化版的二阶魔方，数学家也证明出至少需要 19 步，才能够使它足够乱。那么，三阶魔方要多少步才能被打乱呢？

目前，在各类的三阶魔方比赛中，对打乱魔方的步数有不同的规定，有的建议在 30 步以上，有的建议在 20 步以上。究竟哪一种规定更合理，制定规定的理论依据又是什么呢？

对于如何界定魔方的打乱程度，数学家已经研究了很多年，由于不同的人打乱魔方的位置和顺序都不会相同，所以无法套用某一种现成的公式，而只能依据多维数据转移发生的概率来界定。典型的操作方法是随机产生状态序列，也被数学家称为“马尔可夫链”。这是俄国数学家马尔可夫得出的结论，大意是在状态空间中从一种状态到另一种状态随机转换的过程，随着随机转换步数的增加，处于任何一种特定状态下的可能性都会越来越接近 43 万兆分之一。也可以这样理解，转换步数越多，魔方就越乱。

既然结论如此不确定，魔方比赛的组织者为什么还将打乱魔方的步数规定为 20 步或 30 步以上呢？

美国加利福尼亚州的科学家用计算机破解了这个谜团，经研究得出，任意组合的魔方均可以在 20 步之内还原。但研究人员没有拿出具体的计算公式，而是通过无数次的实验来证明这个结论。根据这一结论，人们运用逆向推理的方式，将打乱魔方的步数定为 20 步以上。因此，目前的魔方比赛尚无法保证绝对公平，只能做到相对公平。

有兴趣的朋友，不妨站在巨人们的肩膀上试一试，或许你会有惊人的发现。

·摘自《读者》(校园版) 2020 年第 17 期·

那些失传的中国古代发明

妙　妙

香囊：最精致的取暖发明

在铜制容器里装上木炭，放入被子中使用，这就是古人冬天用来取暖的香囊，也称“被中香炉”。你可能疑惑，放入被子中不会有危险吗？这就是它的奇妙之处。不论你怎么翻转，香囊木炭都不会漏出，因为它采用了现代物理学中所讲的机械陀螺仪结构，这比达·芬奇类似的发明早了1000年。关于“被中香炉”的最早记载见于西汉司马相如的《美人赋》。1963年，在西安沙坡村出土的唐代银质“被中香炉”的球体外径约为50毫米，制作精细，镂刻相当雅致。“被中香炉”是人们运用机构学的一大发明。

雁鱼铜灯：最环保的照明发明

西汉雁鱼铜灯的设计堪称时髦：两个灯罩可自由转动，能调节灯光的照射方向，还能抵御来风。雁腹内盛有清水，灯烟进入雁腹会溶入水中，这样就可以减少油烟污染，它是古代最“环保”的灯。雁鱼铜灯不仅造型生动、设计精巧，而且装饰华丽。它将实用的功能和优美的造型与科学的环保原理有机地结合在一起，体现了古人的智慧与高雅的生活情趣。西汉雁鱼铜灯现藏于山西博物馆院。

象牙席：最奢侈的贡品

据文献记载，象牙席制作于清朝雍正、乾隆年间，是广东地方官员进献给朝廷的贡品，其制作方法已经失传。据说，这种制品只能在南方制作，因为北方气候比较干燥，象牙在劈削成片时容易断裂。此外，当时还配制出了一种特殊的药水，用来浸泡象牙，先使其软化，然后再劈成薄片编织。总之工艺相当复杂，造价异常昂贵，所以一直以俭朴自居的雍正皇帝曾下旨禁止制作象牙席。因此，象牙席现仅存3件，都藏于故宫博物院。

青铜卡尺：最接近现代的发明

青铜卡尺出现于王莽新朝时期，是一种相当精密的测量工具。使用时，左手握住鱼形柄，右手牵动环形拉手，左右拉动，以测工件。用此量具既可测器物的直径，又可测其深度以及长、宽、高，比直尺方便、精确。

令人惊奇的是,它与今天人们使用的卡尺非常相似。因此有人戏称之为“王莽穿越的证物”。青铜卡尺现藏于扬州博物馆。

铜车马：巧夺天工的机关术

秦陵出土的铜车马结构合理、铸造精致,综合采用了铸造、焊接、嵌铸、镶嵌等多种多样的机械连接工艺技术，凝聚了2000多年前金属制造工艺方面的辉煌成就，被誉为“世界青铜之冠”。铜车马的“逆天”之处在于伞柄：伞柄中空，暗藏利器。柄底多机关，通过推拉组合，可以灵活控制伞柄在十字底座上滑动，从而使得伞盖可以根据太阳方位的不同而调整合适的倾斜方向。不固定的连接使得铜伞打开机关后能取出，将其尖端插入土中，可为在路边歇息的主人遮阳避雨。在有刺客的时候，伞盖还可当盾，伞柄和内藏的利刃都能用于自卫反击，真可谓神作!

象牙套球：最鬼斧神工的发明

象牙套球从外到里，是由大小数层空心球连续套成。虽然从外观看来只是一个球体,但里面层层叠叠套连相含。其中的每个球都能自由转动,且具有同一圆心。所以，象牙套球又叫“鬼工球”，其结构之复杂、工艺之精美、构思之巧妙远远高于其他工艺品，让人从中可以看到技巧的奇特与玄妙。象牙套球现藏于台北“故宫博物院”。

曾侯乙尊盘：最难以复制的发明

曾侯乙尊盘是春秋战国时期最复杂、最精美的青铜器之一。很多学者认为曾侯乙尊盘繁复细密到极致，是商周青铜器的巅峰之作。其惊人之处在于多层透雕，表面彼此独立，互不相连，由内层铜梗支撑，铜梗又分层连接，参差错落。数不清的透空蟠虺纹饰，弯曲程度相当高，不管用何种工艺制模，都是十分困难的。曾侯乙尊盘现藏于湖北省博物馆。

· 摘自《读者》（校园版）2018 年第 4 期 ·

亚马孙雨林不是地球的肺

袁 越

亚马孙雨林大火引起了全世界的关注，很多媒体说地球的肺被点着了，亚马孙雨林为地球提供了20%的氧气。著名美国气象学家斯考特·丹宁教授撰文指出，这个说法是不对的，我们呼吸的氧气并不来自森林，而来自海洋。

要想明白这一点，首先必须意识到地球上的所有元素都一直在陆地、海洋和大气之间不停地循环，氧原子自然也不例外。氧气最初来自植物的光合作用，这是毫无疑问的。陆地光合作用的1/3发生在热带雨林，亚马孙雨林每年产生的氧气确实很多。但是，植物死后留下的残枝烂叶会被微生物迅速分解，分解过程会消耗等量的氧气，因此绝大部分陆上光合作用产生的氧气到头来会被尽数消耗，陆地植物对大气含氧量的贡献值几乎为零。

既然如此，怎样才能让氧气最大限度地保留呢？答案就是把光合作用产生的有机物从氧循环中移除出去，不让它们被分解。地球上有一个地方提供了这种可能性，那就是深海。海洋表面生活着大量海藻，它们通过光合作用生产出很多有机物，其中大部分被鱼类吃掉了，一小部分没被吃掉的有机物会沉入海底，那里严重缺氧，微生物无法生存，所以有机物被保存下来，躲开了氧循环。

其实移出氧循环的有机物总量非常小，大致相当于地球每年光合作用生产量的 0.0001%，但经过上亿年的积累，效应就显现出来了，如今地球大气层中的氧气就是这样一点一点地累积出来的。

换句话说，我们呼吸的氧气，是大量有机物被移出氧循环的结果。有机物通常用碳来表示，移出氧循环的有机物就是我们耳熟能详的“碳汇”，这可比存在于生物体内的有机物总量高多了。根据丹宁教授的估算，即使地球上的所有生物被一把火烧光，大气层中的氧气含量也仅仅会减少 1% 而已。也就是说，无论再爆发多少场森林大火，地球上的氧气都够我们再呼吸几百万年的。

当然了，这并不是说亚马孙雨林大火无关紧要。先不说别的，热带雨林是地球上生物多样性最高的地方，大量物种只在那里生活，一场大火很可能会让很多人类尚未发现的物种就此灭绝，造成的损失是无法用金钱来衡量的。

接下来的问题是，沉在海底的有机物最终去了哪里呢？答案就是石油和天然气。我们开发化学能源，本质上就是把过去几百万几千万年积攒下来的碳汇重新纳入氧循环。最大的问题不是由此造成的氧气减少，而是氧气减少的副产品——二氧化碳的增加。这是一种很强的温室气体，其浓度很大程度上决定了地球的表面温度，全球变暖这件事就是这么来的。

· 摘自《读者》（校园版）2020 年第 1 期 ·